职业技能培训鉴定教材

化妆师

（初级）

HUAZHUANGSHI

编写人员

总　主　编 沈小君

执 行 主 编 陈　郁

执行副主编 姜月辉

编　　　者（以姓氏笔画为序）

马晓瑞 华天崎 向小艳 李　庆 李　蓓 岳晓琳 耿石艳 唐郡忆 梁　敏 彭秋云 谭　红

中国劳动社会保障出版社

图书在版编目（CIP）数据

化妆师：初级 / 人力资源和社会保障部教材办公室组织编写．—北京：中国劳动社会保障出版社，2016

职业技能培训鉴定教材

ISBN 978-7-5167-2564-1

Ⅰ．①化… Ⅱ．①人… Ⅲ．①化妆－职业技能－鉴定－教材 Ⅳ．①TS974.1

中国版本图书馆 CIP 数据核字（2016）第 216332 号

出版发行 中国劳动社会保障出版社

地　　址 北京市惠新东街 1 号

邮政编码 100029

印刷装订 北京北苑印刷有限责任公司印刷装订

经　　销 新华书店

开　　本 787 毫米 ×1092 毫米 16 开本

印　　张 9

字　　数 165 千字

版　　次 2016 年 9 月第 1 版

印　　次 2019 年 2 月第 6 次印刷

定　　价 23.00 元

读者服务部电话：（010）64929211/64921644/84626437

营销部电话：（010）64961894

出版社网址：http://www.class.com.cn

内容简介

本教材由人力资源和社会保障部教材办公室组织编写。教材以《国家职业技能标准·化妆师》为依据，紧紧围绕“以企业需求为导向，以职业能力为核心”的编写理念，力求突出职业技能培训特色，满足职业技能培训与鉴定考核的需要。

本教材详细介绍了初级化妆师应掌握的相关知识和技能要求。全书分为 4 章，主要内容包括化妆概述、基本化妆工具和化妆产品的应用、化妆基本程序、具体妆容与风格搭配等。

本教材是初级化妆师职业技能培训与鉴定考核用书，也可供相关人员参加上岗培训、在职培训、岗位培训使用。

前　　言

1994 年以来，原劳动和社会保障部职业技能鉴定中心、教材办公室和中国劳动社会保障出版社组织有关方面专家，依据《中华人民共和国职业技能鉴定规范》，编写出版了职业技能鉴定教材及其配套的职业技能鉴定指导 200 余种，作为考前培训的权威性教材，受到全国各级培训、鉴定机构的欢迎，有力地推动了职业技能鉴定工作的开展。

原劳动和社会保障部从 2000 年开始陆续制定并颁布了国家职业技能标准。同时，社会经济、技术不断发展，企业对劳动力素质提出了更高的要求。为了适应新形势，为各级培训、鉴定部门和广大受培训者提供优质服务，人力资源和社会保障部教材办公室组织有关专家、技术人员和职业培训教学管理人员、教师，依据国家职业技能标准和企业对各类技能人才的需求，研发了职业技能培训鉴定教材。

新编写的教材具有以下主要特点：

在编写原则上，突出以职业能力为核心。教材编写贯穿“以职业技能标准为依据，以企业需求为导向，以职业能力为核心”的理念，依据国家职业技能标准，结合企业实际，反映岗位需求，突出新知识、新技术、新工艺、新方法，注重职业能力培养。凡是职业岗位工作中要求掌握的知识和技能，均作详细介绍。

在使用功能上，注重服务于培训和鉴定。根据职业发展的实际情况和培训需求，教材力求体现职业培训的规律，反映职业技能鉴定考核的基本要求，满足培训对象参加各级各类鉴定考试的需要。

在编写模式上，采用分级模块化编写。纵向上，教材按照国家职业资格等级单独成册，各等级合理衔接、步步提升，为技能人才培养搭建科学的阶梯型培训架构。横向上，教材按照职业功能分模块展开，安排足量、适用的内容，贴近生产实际，贴近培训对象需要，贴近市场需求。

在内容安排上，增强教材的可读性。为便于培训、鉴定部门在有限的时间内把最重要的知识和技能传授给培训对象，同时也便于培训对象迅速抓住重点，提高学习效率，在教材中精心设置了“培训目标”等栏目，以提示应该达到的目标，需要掌握的重点、难点、鉴定点和有关的扩展知识。

本书在编写过程中，得到教育部中国老教授协会职业教育研究院、中国国际职业资格评价协会、东亚星空国际文化传媒（北京）有限公司、北京市海淀区时尚新锋艺术培训学校的支持和帮助，在此表示衷心的感谢！

编写教材有相当的难度，是一项探索性工作。由于时间仓促，不足之处在所难免，恳切希望各使用单位和个人对教材提出宝贵意见，以便修订时加以完善。

人力资源和社会保障部教材办公室

目 录

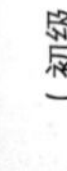

第1章 化妆概述

第1节

化妆的概念

随着物质生活水平的不断提升，人们对美丽的追求也在与日俱增。化妆作为守护美丽的前沿技能，已经被越来越多的人所熟识和热衷。那么，究竟什么是化妆呢？我们先来一起看看化妆的定义。

一、化妆的定义

化妆就是通过不同的化妆用品和特定的工具，采用专业的技能和方法对人的面部五官及身体其他部位进行渲染、修饰、描画、整理，以达到增强视觉印象、掩饰不足、突出神采、美化形象或改变容貌的目的。化妆分为生活化妆、影视化妆、摄影化妆和舞台化妆等。化妆可以发掘容貌潜在魅力，使个体形象更加楚楚动人。化妆的成功不仅取决于化妆品的科学选择和搭配，而且取决于对色彩原理、形式美法则的科学运用。利用个人的自身条件，将个性、气质、肤色、脸形、发质、身高、年龄、职业等因素作为一个整体来构思艺术风格。尤其对于女性而言，化妆可以更好地唤起心理和生理上的潜在活力，表现出独有的女人韵味，有效地增添女性魅力。不同的化妆手法亦可让女性朋友在各种场合更加完美地展现自己的天生丽质。

我们从脸部化妆的细单元来分析，化妆的过程就是分别对眼、眉、颊、唇等器官的细部刻画，如打粉底、涂眼影、画眼线、刷睫毛、涂腮红与抹唇膏等。专业的化妆手法可以有效增加容颜的秀丽并帮助脸部表现立体感，让一个人通过化妆发生变化，在视觉上具有脱颖而出的效果。通过生活中的专业化妆，可以让人增强自信、焕发精神。大多数场合，化妆所体现的更是对他人的一种尊重。

二、化妆与审美

美容学是使人漂亮或美丽的一类行为科学，或为达到此类目的所使用的物品和技术。化妆在本质上是人类对自我的一种再创造，自然美当然是有的，但必须由人类来发现、选择、感受、点染，使之符合人类的要求。画家描摹江山，

师法造化，可最终仍出现“江山如画”这种说法，“画”成了高于江山、评判江山的一种主观标准。客观地评价与衡量外在美，使观察者内心深处与被观察者所散发出来的美产生共鸣。美一直具有令人难以想象的震撼力，成为一种外在成功的象征。当然，人体容貌的美，有自然美的属性，但比较理想和完美的自然美色总带有罕见性和易逝性。即使是一个天生的美人，如果没有自身美和充分自觉的体现，那么也会把这种美平庸化、淡化。因此，对于自身美，需要一个客观的评价与衡量，需要有一次再发现、再创造的过程。不讲美的富裕是低俗的，不讲美的文明是不可想象的，而世间所有美的最高境界恰恰是人类自身美，通过化妆、发型、服装配饰的和谐搭配，所达到的意境仍应该是一种本色美，正所谓“天然去雕饰”，这样的化妆才能达到化妆的最高境界。

外在美还具有情感的特征，不同的时代、不同的人群，其审美观点是不同的，无法制定一个统一标准，因为美的定义具有历史阶段性，绝不是一成不变的。经济、文化、习俗上的影响会左右人们对美的客观评价。因此，根据自身的学识、个性、气质、经验、肤色、发质、身高、年龄、职业兼顾群体对审美的认可与要求，将其作为一个整体来考虑，结合形象设计中“形”与“色”两大造型基本因素，进行恰到好处的修饰与搭配，让自我形象显得更加靓丽、突出，更加自信、富有光彩，更加和谐自然。

总之，美容化妆是一门综合艺术，艺无止境。在形象设计中，要突出自己最美的地方，同时技巧性地弥补形象中的不足之处，达到天衣无缝的效果，这才是化妆的目的与自我形象的正确定位。

下面，我们分别讲述一下生活化妆、影视化妆、摄影化妆和舞台化妆的不同。

1. 生活化妆

生活化妆是美化生活中个人的形象仪容，要求在真实、细致的基础上略加夸张，扬长避短，增添神采，并不要求大幅度改变自己原来的面貌。生活化妆又包括日妆、晚妆、少女妆、新娘妆、职业妆、中老年妆等。生活化妆的最终表达是在直观的视觉中围绕人物气质与美丽进行的。

2. 影视化妆

以电影电视剧本中的人物为依据，结合戏剧中的特定形象和历史环境，运用化妆手段来帮助演员表现人物在典型环境中的典型特征，这类化妆重点在于利用不同化妆材料和道具来改变演员本人的容貌，以达到影视拍摄需求为最终目标。

3. 摄影化妆

摄影化妆多用于婚纱影楼、摄影机构和摄影工作室等场所，对人物的刻画程度以摄影记录的画面为最终结果。我们耳熟能详的婚纱照、艺术写真照，包括儿童摄影均列属其中。

4. 舞台化妆

在舞台表演环境中展现的人物形象塑造均属于舞台化妆的范畴。这种化妆手法重点在于针对舞台表演中需要凸显的人物性格特点，结合光线亮度、角度以及舞台色彩等综合因素为演出者进行合理装扮。

三、化妆的目的和意义

化妆是为了美化人的形态，化妆因其可达到多种实用性功能用途，已广泛融入人们的日常生活之中。

1. 化妆的目的

要使化妆发挥其应有的作用，需围绕这样五个目的进行：

（1）突出优点。研究五官，突出个人优点。

（2）掩饰缺点。利用衬托产生视差，以淡化、削弱他人的注意力。

（3）弥补不足。不是很明显的缺点，运用色彩、线条等工具与手段加以掩盖。

（4）整体协调。强调整体的效果，注重和谐一致。无论是基面化妆还是各部位的化妆都要力求妆面统一、相互配合、左右对称、衔接自然、色调协调、风格情调一致，同时还要考虑发型、服装与化妆的关系，从而获得整体完美的效果。

（5）因人因时因地而异。化妆时要客观地分析每个人的五官，根据每个人的面部结构、肤色、肤质、年龄、气质等综合因素做相应的调整，还要根据不同的时间、场合、条件、地区气候以及时尚等而定。

1）社会交往（见图 1—1）的需要。随着社会发展和人们生活方式的改变，社会交往中的仪容仪表成为关键。正确的妆容，适当的服饰、发型及良好的修养、优雅的谈吐在社会交际中是个人魅力的绝佳体现。

2）职业活动（见图 1—2）的需要。在职业活动中，女性独有的天然丽质通过化妆来焕发神采，增强自身自信心，激发工作潜力。

3）特殊职业的需要。演员、模特等根据工作的原因或角色的不同，以舞台表演和影视剧表演的需要来塑造人物。

图 1—1　社会交往

图 1—2　职业活动

4）特定场合（见图 1—3）的需要。舞会、年会、婚礼等场合，需要搭配不同的妆容、发型及服饰。

2. 化妆的意义

在日常生活和工作中，每个人的修饰打扮、仪表风度、举止言谈都能构成每个人独特的外在形象。良好的妆容不仅可以美化自身形象，更是尊重他人、热爱生活的一

图 1—3　特定场合

种体现。特定情境下，优秀的舞台妆、影视剧妆对舞台效果、人物塑造、主题思想、情节发展等都具有至关重要的作用。

（1）上班族。如果你是一位上班族，在平时除了要开会、谈公事，可能还需要参加一些庆典活动，那么凸显独特的职业气质就是化妆带来的意义。

（2）居家族。作为居家主妇，在平时基本足不出户，那么进行一些自然淡雅的化妆会让你在家人面前显得更加可爱动人。当面对镜子的时候，那份带点小自恋的满足感也绝对是千金难买的。

（3）社交族。整日奔波于商海的社交一族，拥有一份独占鳌头的自信尤为重要。通过专业的化妆手段，配以高贵的修养、优雅的言谈，足以令你在商业交往中赢得众人的瞩目。

（4）艺人族。从事演艺工作的朋友最清楚专业化妆带来的意义。有时候为了塑造不同类别、不同风格、不同环境甚至不同年代的人物形象，只有通过化妆才可以达到表演目的。

（5）拍拍族。我们把所有为了拍摄照片而进行化妆的人们都暂称为拍拍族。拍拍族为了让照片能记录下最令自己满意的瞬间，拍摄之前的化妆就绝对必不可少。从各种摄影机构的专业化妆，到同学闺密之间的相互修饰，目的无外乎就是让你在相机镜头前更有自信，在照片前更加自满。

（6）结婚族。毋庸置疑，结婚可以称得上一生中最重要的日子了。在这一天里，每一位新娘自然都希望自己是最动人、最受瞩目的主角。清新靓丽的化妆、宛若仙子的头饰，配上一袭洁白的婚纱，这一切足以构成生命中最美丽的画面。

四、化妆的作用

化妆是一种历史悠久的美容技术。古代人们在面部和身上涂上各种颜色和

油彩，表示神的化身，以此祛魔逐邪，并显示自己的地位和存在。后来这种装扮渐渐变为具有装饰的意味，一方面在演剧时需要改变面貌和装束，以表现剧中人物，另一方面是由于实用而兴起。如古代埃及人在眼睛周围涂上墨色，以使眼睛能避免直射日光的伤害；在身体上涂上香油，以保护皮肤免受日光和昆虫的侵扰等。

如今，化妆则成为满足人们追求自身美的一种手段，其主要目的是利用化妆品并运用人工技巧来增加天然美。在现代生活中，人们追求的美，应该是健康的美、科学的美。只有这样，才能使美得以持久和深化。

化妆的作用表现为：

1. 护肤美颜

化妆就是为了美化容颜。比如，用营养化妆品可使皮肤光洁、美观；用粉底霜可调整皮肤的颜色；描画眉毛可改变眉毛的形态，使眼睛柔美传神；涂抹腮红可使面部艳丽红润等。

化妆不仅能使容颜美丽，而且还可以保护皮肤。比如，用防晒霜可使皮肤免受阳光的刺激和伤害；用按摩膏可使皮肤增加弹性，延缓皮肤衰老；用爽肤水可使面部毛孔收缩，爽滑细腻。可见，健与美是不可或缺的统一体。

2. 矫正缺陷

用化妆手段来弥补或矫正面部缺陷是美容化妆的重要作用之一。化妆可使塌梁鼻子显得挺拔，长鼻子显短，短鼻子显长；化妆可以矫正眼形，小眼睛可以显大，吊眼或下垂眼显正；涂抹口红可使薄唇显丰满，厚唇显薄，模糊唇形变得轮廓清晰等。

第2节

化妆的原则

化妆本身是一门实用美学，重点在于强调和突出优点，使每个人都有自己最美的地方，以充分展示个人魅力。

一、基本原则

有哲人曾这样说："化妆是使人放弃自卑，与憔悴无缘的一味最好的良药。"随着社会的不断进步，化妆为人们追求理想的美创造了良好的条件。

1. 扬长避短

化妆一方面是要突出脸部最美的部分，也要掩盖缺陷或矫正不足的部位。

发挥出自己最大的优点，遮盖自身本有的缺点。根据每个人自身条件中的优势及潜质，扬其所长，使其接近完美。当你把自身的优点放大、缺点弱化的时候，化妆就是成功的。

2. 自然真实

不虚不夸，流露自然真实的一面，要达到一种有妆似无妆的感觉。突出个性，有自己的个人风格，塑造独特的形象。

例如，生活淡妆给人以大方、悦目、清新的感觉，最适合在家或上班时使用；浓妆给人以庄重、高雅的印象，常出现在晚宴、婚宴、演出等特殊的社交场合。无论是淡妆还是浓妆，都要显得自然、真实，切忌厚厚的抹上一层。化妆师可以运用化妆工具，通过熟练的化妆技巧，使用各种合适的化妆品，来达到自然而美丽的化妆效果。

3. 认真负责

化妆时要因人、因时、因地而异。在化妆前，化妆师要对化妆对象进行专门设计，要强调个性特点，不要单纯模仿。要根据化妆对象的脸部（包括眉、眼、

鼻、颊、唇）特征进行具有个性美的整体设计；同时，还要根据不同场合、不同年龄、不同身份制定不同的设计方案。化妆时不可片面追求速度，敷衍了事，而是要采取一丝不苟的态度，有层次、有步骤地进行。化妆时动作要轻稳，注意选择合适的色彩和光线。

二、美学原则

化妆既然是面部美容知识和技能的体现，就要遵循一般的美学原则。

1. 强调整体效果，注重和谐统一

无论是基面化妆还是各部位的针对性化妆，都要力求统一、相互配合、左右均衡、衔接自然、色彩协调、风格一致。同时，还要考虑发型、服装、服饰与化妆的关系，从而获得整体完美的理想效果。

2. 因人、因时、因地而异

化妆时，每个人都要客观地分析自己的五官，根据自己的面部结构、皮肤颜色、皮肤性质、年龄气质等，表现出自己特殊的个性美，还应根据不同的时间、场合、照明条件、地区气候以及社会潮流、社会时尚而定。

3. 化妆手法轻柔优美

化妆的过程对于顾客来讲应该是一种美好的享受，所以轻柔优美的手法能够提升顾客的满意度，也能使整个化妆过程轻松愉快。

第 3 节

面部美的标准

一、脸形

脸部标准美，是以上半面部比较宽、下半面部逐渐窄，整体是一个椭圆形或者卵圆形为佳（见图 1—4）。

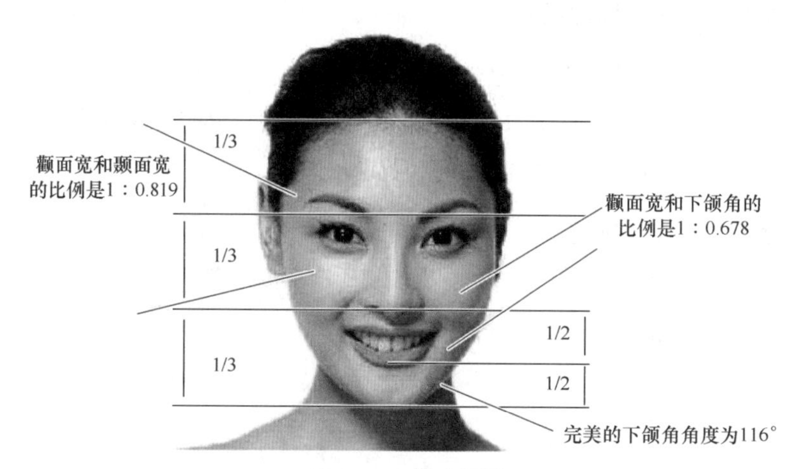

图 1—4　标准脸形

根据标准脸形的指标，可以把脸形分为六种：椭圆形、圆形、方形、心形、梨形和菱形脸形（见图 1—5）。

1. 椭圆形

额头与颧骨基本等宽，比下颚稍宽一点，脸宽约是脸长的 2/3。

2. 圆形

额头、颧骨、下颚的宽度基本相同，圆形脸比较圆润丰满，有点像婴儿的脸形。

3. 方形

额头、颧骨、下颚的宽度基本相同，给人四四方方的感觉。

4. 心形

又称倒三角形脸，其表现为额头最宽，下颚窄而下巴尖，下颌的线条比较迷人。

5. 梨形

即三角形脸，额头比较窄，下颚是脸的最宽处，呈现上小下大的正三角形。

6. 菱形

颧骨是脸形最宽处，额头和下颚都比较窄，脸形显得比较狭长和尖锐。

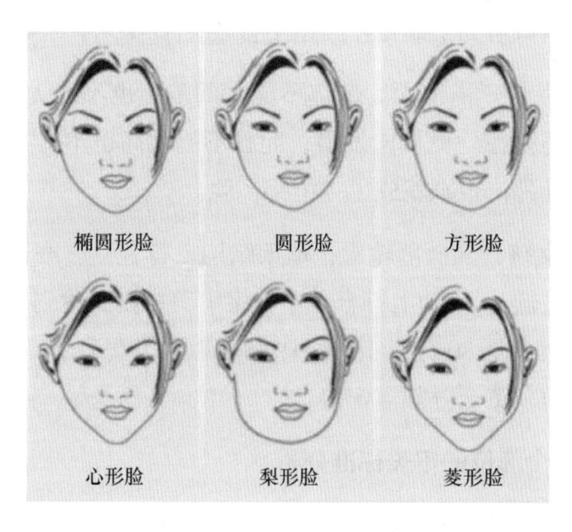

图 1—5　脸形

二、面部各部位美的标准

1. 面部与五官的美

在面部正中作一条垂直的通过额部—鼻尖—人中—下巴的轴线，通过眉弓作一条水平线，通过鼻翼下缘作一条平行线。这样，两条平行线就将面部分成三个等份：从发际线到眉间连线、眉间到鼻翼下缘、鼻翼下缘到下巴尖，上中下恰好各占 1/3，谓之“三庭”。“五眼”是指眼角外侧到同侧发际边缘刚好一个眼睛的长度，两个眼睛之间也是一个眼睛的长度，另一侧到发际边还是一个眼睛的长度，这就是“五眼”。符合“三庭五眼”（见图 1—6），这是最基本的面部美的标准。

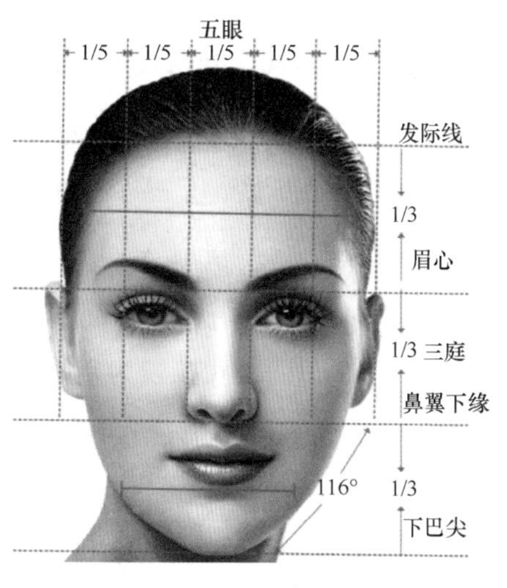

图 1—6　三庭五眼

在垂直轴上，一定要有“四高三低”。“四高”，第一是额部，第二个最高点是鼻尖，第三高是唇中，第四高是下巴尖。“三低”，两个眼睛之间，鼻额交界处必须是凹陷的；在唇珠的上方，人中沟是凹陷的，美女的人中沟都很深，人中脊明显；下唇的下方，有一个小小的凹陷。共三个凹陷。

2.“丰”字审美准则

在一个人的面部画上一个“丰”字，来进一步判断是美还是丑。先作面部的中轴线，再通过太阳穴（颞部）作一条水平线，通过两侧颧骨最高点作一条平行线，再通过口角到下颌角作一条平行线，形成一个“丰”字。

在“丰”字的三横上面，颞部不能太凹陷，也不能太凸起；颧骨应该是往前方伸展，而不是往外侧横向发展，而且不能太高也不能太宽；对下颌角而言，不能太肥大或外翻，否则就成了“国字”脸。

假如一个女孩，其面部轮廓在框架结构上符合“三庭五眼”，而正中垂直轴上又有“四高三低”，横轴上符合“丰”字审美准则，达到以上十几个基本指标，那么这个女孩至少是 80 分以上，可以称之为“美女”了。这位美女也必定符合人体美的所谓的“黄金分割”定律。

3. 面部各个部位的审美标准分析

（1）丰满的额头。按此审美准则，你就能在几秒钟内做出一个初步的判断——知道美与不美了。但是，这些准则还远远不够，只是一个较为粗略的评估和硬性的指标。而现代审美是非常灵活和强调细单元与整体配合的。

我们看完这些指标以后，再精确地分析面部各个器官和部位的审美标准。

先从额头开始观察。额头有很多种。好看女孩的额头有两大基本类型：

第一种类型，就是整个额头的最高点在中间部位，然后从这个最高点往两侧弥散着渐变，呈一个平缓的坡，这是一种形状，以东方女孩居多。

第二种类型，就是整个额头的高点在额头中线两旁，中间基本上是平的，但整体高度比较高。高点在每一侧眉弓中间位置的上方，这样显得比较周正而大气，以西方女孩较为常见。

这两种类型都可以造就一个比较好看的额头，也就是说，一个女孩额头基调要高一些才好看。古语所说的“天庭饱满”即是如此。

额头的宽度也是有一定讲究的，那就是额部的宽度与颧骨的宽度要成比例，

比两侧颧骨稍窄或略宽。额部跟发际之间的交界也应该平缓过渡，不能太高或太低，额部发际的边缘最好有一个“美人尖”（即好看的发际线）。

女性的额部跟男性不同，女性的额部跟地面呈 80°~90° 最好，额部跟眉弓之间千万不能在一个高度，否则就像外星人的额头。

（2）颞部。不能过于隆起，相对于额部和颧骨部位应该是较浅的凹陷区域，它体现了人体颞骨的形状，假如把颞部垫得太高，就跟练了“内功”似的，不好看；太矮了，颞部陷下去以后显不出面部上宽下窄的卵圆形，而有点像三角形，就更不好看了。

（3）眉弓。不能高于额部的平面，即使是等高，在额头跟眉弓交界的地方一定要有一个浅浅的过渡。

而眉弓相对于眼睛来说，眉毛的海平面比眼球要高，眉毛的形状一定要跟眼睛匹配，眉毛跟眼睛之间的距离要适当。内敛而乖巧的女孩，往往眉毛弯弯的、细细的。大气的女孩，眉头、眉毛前 1/2，一定不要做过多的修剪，眉头要略宽，假如前面拔得特别细，前后一样细，就跟狐狸精似的，特别不好看。尤其是脸大的女孩，这种眉毛镇不住这张脸。眉毛后 1/2 则可以变化多一些，一般都有一个像燕子翅膀似的眉线，上方挑起来或略向后下方延长，这要根据不同的脸部轮廓而定。眉毛其实也传达了不同的信息，表现出女孩不同的风格和味道。

（4）眼睛。眼睛是人类心灵的窗户。眼睛的美有单眼皮的美和双眼皮的美。并不是说眼睛是双眼皮就好看，也不是说单眼皮就不好看。单眼皮的美是眼内角的内眦赘皮比较明显，内部不露出来，显得很东方、内敛，个性不张扬，给人的感觉很好。

做双眼皮之前，不同的女孩应该采用不同的设计方案。中国人的外眼角适合开大一些，且往外方上扬几度较好，也就是所谓的“桃花眼”。

一般来说，双眼皮主要有五种类型：

第一类是平行型。双眼皮跟上眼睑睑缘是基本平行的。重睑线的设计，外侧以不超过外眼角为度。适合眼睛比较大、眉弓比较高、眉毛距眼睛较远而上眼皮又比较薄的女性。

第二类是开扇型。这也是最经典的双眼皮之一，类似“桃花眼”，深得年轻女孩的喜爱。其特点是内窄外宽，适合眉毛跟眼睛的距离适中，眼皮较薄，眼睛的横轴跟地平面呈一定角度，眼角微微往上抬，有神采飞扬的感觉，很神气的样子。

以上两类双眼皮占 80% 以上。

第三类是指内侧宽、外侧略显窄的双眼皮。适合没有内眦赘皮、眉毛跟眼睛之间的距离比较近，西方女性较为常见。

第四类是指双眼皮的内侧 1/3 到 1/2 不双，只有外侧一部分成双，这种双眼皮显得很妩媚、很性感。

第五类是好多女孩盲目想做的所谓"欧式眼"的双眼皮。基本上来说只适合欧洲人面部的骨骼结构，这也是其眼睑睑板的生理解剖结构所决定的。西方人的眉弓特别高，眉毛靠近眼睛，因而双眼皮往往宽而夸张，但这并不太适合东方女孩。

（5）颧骨。一个好看的颧骨不应该太往外侧，往横向发展，应该往前方，也不能太高。中国古代迷信认为颧骨太高会"伤夫克子"。颧骨一般由四个平面构成：与眼睛下方形成一个平面、与鼻子外侧形成一个平面、与耳屏前方形成一个平面、与颊部形成一个平面。一个好看的颧骨部位一定是这四个"面"的良好组合。有些医生在整容手术中往往没有关注到这一点，四个面的相互位置被破坏，面部中间部分发生扭曲而毁容。

（6）鼻梁。男性的鼻梁要挺拔笔直，而女性的鼻梁一般比较纤秀，鼻尖微微上翘，但不能太尖。好看的鼻孔是水滴形，而且与面部中轴线呈 45° 角的相互支撑。鼻翼沟一定要存在，有的女孩没有鼻翼沟，导致大圆鼻头，即所谓的"蒜头鼻"，根本没有造型。但是，鼻翼沟太深也不好看，碰上鼻翼特别薄，简直就是一个"受气包"的形象。

鼻子的类型由鼻背部的弧度和鼻尖部的高低来确定，基本上是三种类型：

第一种是鼻背部比较平直，鼻尖不往上翘也不往下垂，这是一种基本类型，显得比较正统、大气。

第二种是鼻尖微微上翘，鼻背呈一个略带弯曲的弧度，显得比较调皮、可爱，俏丽而又生动。

第三种是鼻尖微微下垂，鼻背没有太明显的弧度，最终显得内敛而乖巧。

所以说，鼻子可以表现一个人的性格和脾气。

（7）嘴。嘴是人类表达语言的器官，同样也有着美的形态要求。

具体来说，上嘴唇的美涉及四个方面：

第一个是比例。上嘴唇和下嘴唇要有一定的比例，一般上嘴唇要比下嘴唇

薄 1/3 左右。

第二个是曲线。上嘴唇要有明显的唇弓线（就是指红白嘴唇的交界线）。这个唇弓的曲线，是决定一个人的唇长得好看与否的重要指标之一。有些人的唇弓曲线就那么直接拉下来了，像很不经意地画了一个小括弧，没有任何跳跃和激荡，甚至面呈苦相。而特别好的唇弓曲线，像飞鸟展开的翅膀似的很有美感。

第三个是唇珠。就是指上唇中央的一块小凸起，有了它上唇就会显得精致得体。但唇珠的有无也要视下嘴唇的形状而定。

第四个就是人中沟。人中沟要深一些，人中沟两侧最好还有两条“人中脊”，这一点在前文“四高三低”里面已经强调过了。

所以说，上嘴唇结构很复杂，在这样一个方寸大小的区域里，至少有四种结构影响了它的美——比例、曲线、唇珠和人中沟。

下嘴唇的结构较之上嘴唇来说略微简单一些。它的美基本涉及以下三个方面：

第一是它的厚度。下嘴唇往往要比上嘴唇略厚。整个下嘴唇的厚度也不是全一样厚就好看，太厚，显得特别笨而木讷呆板；太薄，上下唇比例又会失调。

第二是下嘴唇的形状。一般是要微微下翻。红、白唇之间也有个交界线，这个交界的轮廓线越明显就越好看。有的人在这里仅仅只是一个过渡，没什么轮廓可言，而有些人根本就没有这个轮廓线，不好看。

第三个是下嘴唇下方要有一个小小的凹陷，这也是审美上的一个黄金点。跟人中沟一样，是“四高三低”中的一个低点。

对人类的嘴来说，还有个大小的问题。小嘴不一定好看，大嘴不一定难看。我国过去就以樱桃小口为美，而西方则相反，大嘴美女索菲亚·罗兰和朱丽娅·罗伯茨就是明证。

嘴唇还要有一定的丰满程度。它的丰满并不是说整个嘴唇从内到外都是均匀一致的厚薄，那也不好看。

另外，上下嘴唇还有一个颜色、光泽度和湿润度的问题。有些女孩的上下嘴唇没有一点血色，苍白，甚至发乌发紫，一看就像缺氧、衰落的感觉。嘴唇还要有光泽度和湿润度。为什么现在很多的时髦女孩要用保湿唇膏呢？就是强调这种感觉，这是一个独特的审美。

经过长期观察和研究，结合现代审美的流行趋势，上下嘴唇配合起来有三种特别性感时尚的唇形：

第一种就是比较经典一点的，有一个唇珠，上嘴唇有唇珠，除了以上所说上嘴唇的四个特点，比如轮廓线，像飞鸟展开翅膀的形状，又有唇珠，人中沟深，人中脊也有，它的厚薄刚好小了 1/3，比一般人多一点点。唇珠正对着的地方有一个浅浅的凹陷，下嘴唇又微微地外翻配合它。

第二种是上嘴唇符合上述四个标准，有一个唇珠，但唇珠两边有两个小孔，轻轻地闭是闭不上的。第一种类型还闭得上，第二种是有唇珠，但是两边闭不上。中间这个唇珠是一点点，不明显，在唇珠的两边有小缝，配上下嘴唇翻起来一点点，也是闭不上嘴，中间闭得上、两边闭不上，总像正说话的感觉。

第三种是没有唇珠。“四高三低”缺一个高，唇珠的位置刚好是一个凹陷，闭上嘴以后跟下嘴唇之间闭不上，中间有个缝，也是要说话的那种感觉，很性感。如果缝里刚好露出两颗“小兔牙”，那就更棒了。这是第三种很性感、很有特点的嘴唇。

（8）脸颊部。脸颊部如果肉肉的，一般属于“娃娃脸”，有长不大的感觉，但是年纪大了以后面部的结构还不改变，两个脸颊臃肿，就是一个衰老的象征，或者说不利落、不精神的感觉。

所以现代的审美就是要两个颊部一定要稍凹下去一些，像一个平面似的，颧骨略微高一点，颧骨的高不能往两侧发展，要向前方，很多女孩难看就是颧骨往两侧发展。而下颌角应该是往后方伸展的，假如往两侧扩展开来就太难看了。

现在流行的是颊部一定要平展，即便是笑起来，颊部也不能鼓起来一块赘肉。但年纪大的人做颊部或者是瘦脸的手术，不能做太狠，否则容易嘬腮，更显老态。

（9）下巴。一个精致的、优美的、好看的下巴，要做到以下三个方面的配合。

第一，下巴跟下嘴唇之间有一个凹陷，是“四高三低”的最后一个低。假如没有这个凹陷，就像有些隆下巴失败的，手术后的下巴就像“脚后跟”，没有下巴的外形。

第二，下巴与脸颊部的过渡应该非常平缓，渐变过来。

第三，下巴与下颌底的接触面，应该越平整越好，没有双下巴。

还有酒窝，酒窝可以做成不同的造型，设计在不同的位置。例如，可以设

计在口角旁、两颊部经两侧瞳孔的垂直线上以及下巴的某个部位等不同位置。从前酒窝位置一般很固定，就是必须在口角旁边多少厘米的地方，所以造就了一大批“翠花”和“彩娥”型的女孩。近年来人们的审美已发生了改变，更强调个性化及自然和谐，因此任何地方，只要让一个女孩甜起来、媚起来就是合理可取的。

（10）耳朵。中国人的审美应该是外耳轮高于内耳轮，或至少是外耳轮不能低于内耳轮，一定要有点儿耳垂，假如没有耳垂，耳朵就显得小气。耳朵太贴近颅骨也不好看，耳朵平面跟颅骨之间是有一定夹角的，一般是 30° 左右，而招风耳（呈 90° 角）肯定不好看。耳郭的大小与鼻子的长度大致相当，约占面部长度的 1/3。

（11）下颌角与颈部交界处的边缘。此处一定要清晰，通俗地讲，下巴跟脖子交界的这个骨感一定要呈现出来。

最后，要强调的是我们人体的面部五官是一个不可分割的整体，各个部分虽然有一定的比例和尺度，也就是所谓的黄金分割律，但是，更重要的是五官之间的组合和搭配，这样才能相得益彰。比如，有的女孩面部五官并不一定完全符合一种固定的比例，而且单个器官，鼻子、耳朵或眼睛等单独拿出来也都不见得好看，但是组合在一起立刻就会变得生动靓丽，配合其发型穿着打扮更散发出一种特有的气质和女人味，这就达到了美的最高境界——自然和谐就是美！

（12）面部细节美的共性特征

1）下眼睑有一个眼棱，也就是指下眼睑下方有一个轮廓线，略微隆起，这是下眼轮廓的一个正常的组成部分，绝对不是眼袋。有些庸医失误的地方，就是把这个隆起当成眼袋切掉了。他们哪里知道从生理解剖学上，这是眼部的一条轮匝肌的肌肉围成的一个美丽的轮廓线。这个轮廓不能破坏，破坏以后眼睛就不好看了甚至变形，而且最终难以修复。

2）美女笑起来的时候，在鼻背的上半部往往有一些纵形的皮肤皱褶，会令笑容更加灿烂迷人。假如一个女孩开心时刻有此皱褶，那她一定丑不了哪儿去。

第2章 基本化妆工具和化妆产品的应用

第1节

基本化妆工具的选择与使用

对工具正确的认识和科学的使用是成功化妆的第一步。

一、基本化妆工具

1. 化妆棉

用于涂抹化妆水和卸妆（见图2—1）。分为脱脂棉和无纺布两种。脱脂棉触感柔细，较厚实；无纺布触感较粗，相对较薄。

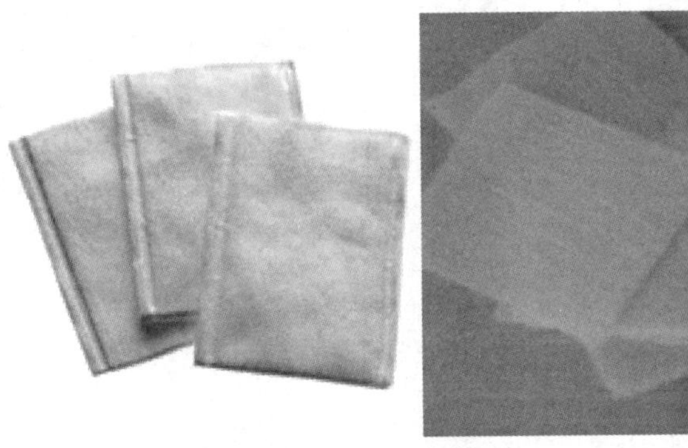

图2—1　化妆棉

2. 棉签

用于修整化妆细部线条和卸除眼线（见图2—2）。

图2—2　棉签

3. 化妆海绵

用于涂抹粉底的化妆工具（见图 2—3）。选择质地细密、触感柔软的。三角形用于细小位置的处理，圆形适用于大面积的涂抹，水滴形兼顾以上两种作用。

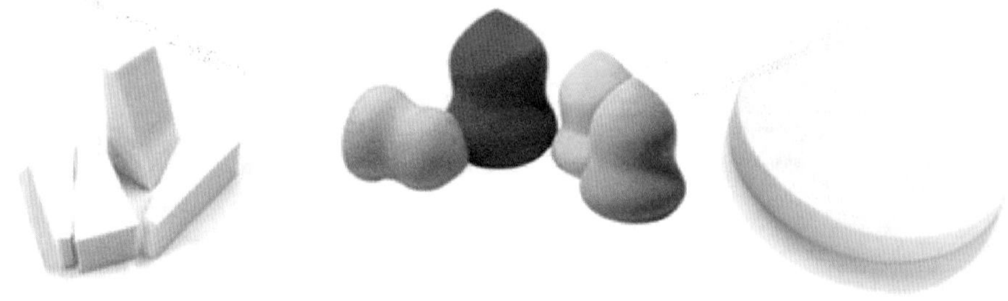

图 2—3　化妆海绵

4. 粉扑

用于较厚重的粉底定妆和衬垫手指防止蹭脏妆面（见图 2—4）。

5. 修眉刀

用于去除杂乱多余的眉毛（见图 2—5）。

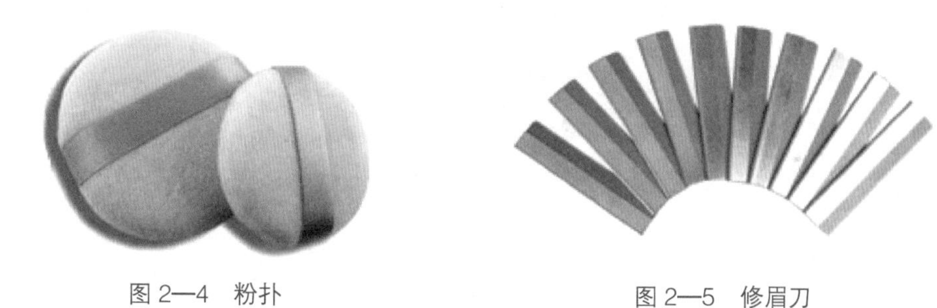

图 2—4　粉扑　　　　图 2—5　修眉刀

6. 眉剪

用于剪掉过长或下垂的眉毛（见图 2—6）。

图 2—6　眉剪

7. 眉夹

斜头的用于修眉，圆头的作镊子用，是化妆的辅助工具（见图 2—7）。

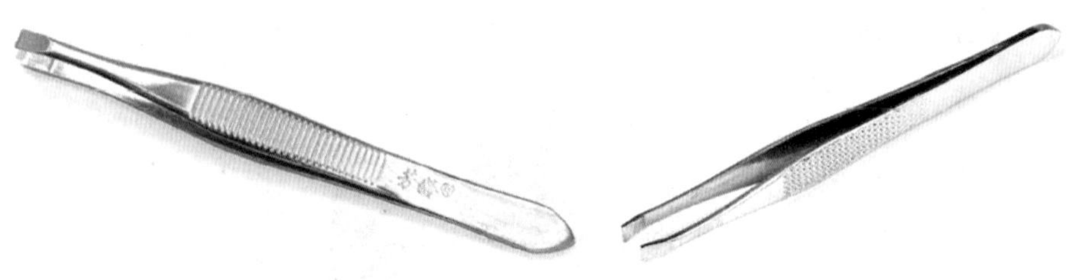

图 2—7　眉夹

8. 美目贴

用于塑造双眼皮，矫正眼睛形状（见图 2—8）。

（1）胶带状。磨砂型表面光滑、细腻真实，但质地柔，不易支撑。透气型表面粗糙，质地较硬，支撑力强，但反光，不易上色。

（2）深丝纱。多用于影视剧，技术要求较高，一次成型，容易上色，不反光。

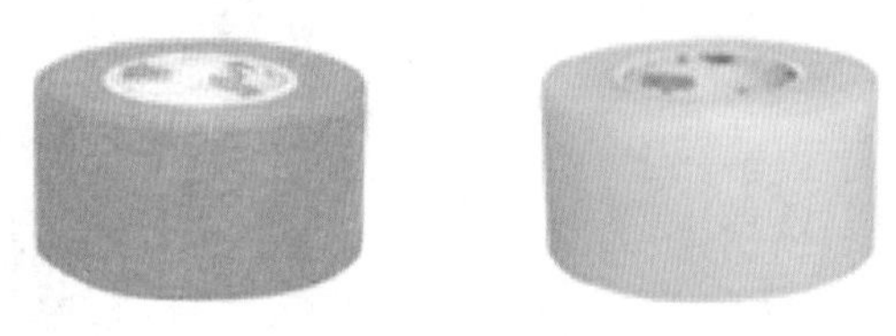

图 2—8　美目贴

9. 睫毛夹

使睫毛卷曲上翘。分为全眼式和局部式两种（见图 2—9）。

图 2—9　睫毛夹

10. 假睫毛

用于眼部，强化睫毛的修饰，增加眼睛的神韵，样式多样化（见图 2—10）。

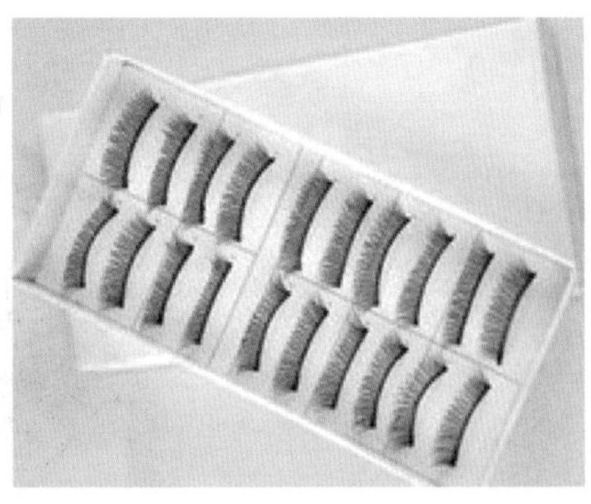

图 2—10　假睫毛

11. 化妆刷

（1）化妆刷（见图 2—11）的分类

1）根据毛质分类

①动物毛。貂毛、山羊毛、马毛、松鼠毛等，是刷毛中的极品，质地柔软有弹性，使用起来既舒适又可以打匀眼影，为广大化妆师所认可。

②山羊毛。最普遍的动物毛材质，质地柔软耐用。同时，山羊毛又有 21 种分类，适合做专业化妆刷的有 0 号、水褪、黄尖峰、黄白尖峰、白尖峰、中光峰、细光峰。

③马毛。柔软性好，弹性稍差些，按颜色分为正棕色、深棕色、黑色，其中黑色比较少。

④人造毛。纤维毛刷，按毛峰分为磨尖纤维和不磨尖纤维。磨尖纤维毛峰细长柔软，毛条比动物毛弹性好且不吸粉，容易清洗，适合用于质地厚实的膏状彩妆。除了刷毛材质有区别之外，专业刷具的刷头也依照上妆部位的不同而采用不同的大小、形状，呈现各种弧形的、尖顶斜口或平口的刷头形状。刷头的线条、弧度是否顺畅，都会影响上妆的效果，因此刷头形状也是影响上妆效果的重要因素。

2）根据制作工艺分类

①刷头。刷头的形状要饱满、圆润。眼影刷边缘剪裁要整齐，侧看要呈扁平状，以免晕染眼影时范围过大，这样才能体现唯美的妆面。

②刷柄材质。要求是不锈钢制成的，因为有些刷子在某些技巧使用时会接触到水或者含水的产品。另外，在清洁时也会接触到水，非不锈钢材质易生锈。有些刷柄是胶质的，但专业用套刷更多的是木质的，所以也要做好防水处理行。

图 2—11　化妆刷

（2）化妆刷的选择要领

1）好的天然刷毛柔软平滑，结构紧实饱满，刷毛不易脱落。

2）一把好的刷子，尾端毛峰的部分应该呈现天然的弧形而不是经过人工修剪过的，因此在选择刷子时，如果发现毛峰有修剪过的痕迹，就表示品质比较差。

3）将刷子按在手背，画一个半圆形，可看出毛的处理是否整齐。

4）用手指夹住刷毛，轻轻往下梳，可看出刷子是否容易掉毛。用热风吹刷毛，保持原状的是动物毛，毛变卷曲的就是人造纤维。

二、基本化妆工具的使用

尽量依据个头最大、颜色最浅、范围最大的规律来选，便于掌握。

1. 散粉刷

也称蜜粉刷（见图 2—12），使用时蘸取散粉起到定妆的作用，还可以扫除多余的散粉。它是化妆刷中最大的一种毛刷，其质地柔软，不刺激皮肤，通常有小羊毛、松鼠毛、貂毛等圆形的蜜粉刷，蘸粉量多，上妆容易，刷毛感觉蓬松，适合全脸使用。

图 2—12　散粉刷

2. 腮红刷

个头小于散粉刷（见图 2—13），是用于扫腮红和轮廓红的工具。如套刷内同时有圆头的、斜向的，斜向的可作腮红刷，比较好掌握角度。

图 2—13　腮红粉刷

3. 扇形粉刷

又名清道夫，可用它来扫去眉毛、眼睫毛处多余的粉及眼影（见图 2—14）。

图 2—14　扇形粉刷

4. 眼影刷

用于不同的眼影，根据眼影范围的大小来选择大小不同的刷子（见图 2—15）。刷面越大，所使用的范围越大，颜色就越浅；刷面越小，所使用的范围越小，颜色越深。留出一支最大的用于白色提亮，初学者至少应有 3 支。

图 2—15 眼影刷

5. 唇刷

0.5 厘米左右的椭圆形的刷子，用于均匀涂唇膏或者唇彩。用后应及时清洗干净，平时用油护理（见图 2—16）。

图 2—16 唇刷

6. 修改刷

用于打底后局部修饰，如 T 形区、眼底、鼻侧面，可遮盖黑斑、法令纹及额头凹陷处的部位。可用最小号的，可选不含毛质的，因为遮盖时会接触到含油脂较多的产品。

7. 眼线刷

用来画眼线，刷头细而扁平，可以画出精确的眼线（见图 2—17）。按形状可以分为用于膏状或液状眼线产品的细圆形眼线刷和用于蘸取眼线粉与膏状产品的圆形眼线刷。

图 2—17　眼线刷

8. 眉刷

又叫 T 形眉刷，用来描画眉形（见图 2—18），硬质的比较好。

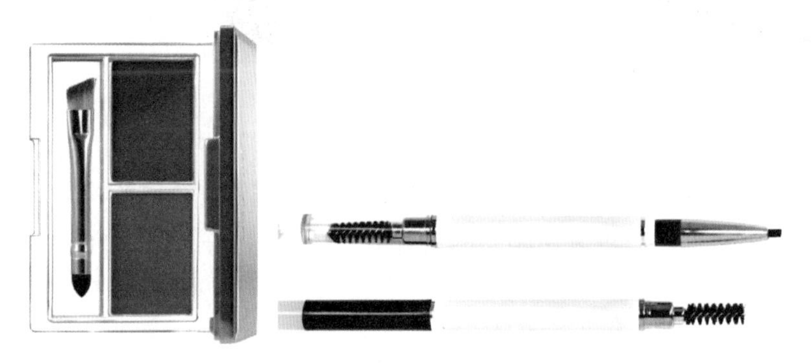

图 2—18　眉刷

9. 眼影海绵棒

用来涂亮粉，可防止粉粒散落（见图 2—19）。初学者无所谓有没有。选择时应注意海绵棒的孔不要过大或过小，棒头应该柔软有弹性，连接部要有扎人感觉。

图 2—19　眼影海绵棒

10. 螺旋刷

能够自然地梳理黏在一起的睫毛（见图 2—20）。

11. 眉梳

用来整理眉毛的工具，可梳理男性眉毛和女性睫毛（见图 2—21）。

图 2—20　螺旋刷

图 2—21　眉梳

12. 粉底刷

刷头较大而扁平，能大面积刷涂粉底和遮瑕膏，令底妆均匀自然，如果需要修饰细小部位，可以用刷子的毛峰处理（见图 2—22）。合成纤维的粉底刷，服帖，易上妆。

图 2—22　粉底刷

第 2 节

化妆产品的选择与使用

一、底妆化妆用品

一般分为化妆水、妆前乳、粉底、定妆粉四类。

1. 化妆水

化妆水（见图 2—23），主要作用是二次清洁皮肤，平衡皮肤酸碱度，补水保湿，收敛毛孔，抗击敏感，舒缓肌肤。

中干性皮肤、混合性皮肤、敏感性皮肤适合保湿型的柔肤水。

油性皮肤适合清洁型的爽肤水。

使用方法：洁面后将化妆水倒在化妆棉上轻拭面部，或将化妆水倒入手心用拍打的方法进吸收。

图 2—23　化妆水

2. 妆前乳

妆前乳（见图 2—24），作用是滋润保护皮肤，修饰肌肤色泽不均匀。

油性和混合型皮肤首选无油配方，忌选珠光。

中干性皮肤选择滋润度高的产品。

肤色阴沉暗黄选择偏紫色。

红血丝过多选择偏绿色。

一般选用肤色就可以。

使用方法：不适合全脸涂抹，使用范围控制在内轮廓，主要是T字部位和局部需要调的部位。

图 2—24　妆前乳

3. 粉底

粉底（见图 2—25）的作用是遮盖瑕疵，改善肤色，调整脸形。

（1）按状态分类

1）膏状粉底。属于油性配方，遮盖力强，过于厚重容易堵塞毛孔，适合干性皮肤和秋冬季使用。适用于舞台妆、影楼妆、晚妆、影视妆等。

2）液体粉底。水分含量较多，易涂抹，与肤色自然融合，但易脱妆，遮盖力不够。适合干性皮肤和无瑕疵的皮肤。适用于日妆、唯美广告妆等。

3）乳状粉底。质地和效果介于膏状和液体之间。适用于新娘妆、电影妆等。

4）干湿两用粉饼。携带方便，多用于补妆。

（2）按光泽度分类

1）珠光粉底。提亮肤色，适合肤色暗沉和皱纹皮肤。

2）亚光粉底。收缩毛孔，收紧皮肤。

（3）按颜色分类

1）黄色（小麦色）。适合东方人，可以中和东方人的黄色皮肤，使其自然柔和。

2）粉色。适合苍白没有红润感的皮肤，不建议全脸用。

3）象牙白。适合白皙皮肤。

4）紫色。用于修正暗黄色皮肤。不建议全脸用。

5）绿色。用于修正红血丝。不建议全脸用。

6）咖色。用于修饰脸形外轮廓或特殊妆容（老年妆的刻画）。

确定肌肤的色调。粉底颜色的选择，最主要的就是根据自身的肌肤情况进行挑选。怎么确定自己肌肤的色调呢？假如你觉得自己戴银首饰更加好看，或者是被太阳晒了之后皮肤呈现玫瑰红色，那么你多数是属于冷色调的肌肤；假如是戴金色首饰更好看，皮肤晒了之后是呈现金色的，那么就是暖色调肌肤。一般来说，中国人是以暖色调居多的。

粉底颜色的选择。（在脸上试用）确定好自己的肤色色调之后，我们还是要动手操作才能够真正选出适合自己的粉底。最直接的方法就是在脸上试用了。不少人都习惯在手背、手臂或者胳膊上试用粉底，其实这是不太正确的，因为粉底是要涂在脸上的，手部等位置的肤色跟脸色还是有差别的，很难选出适合自己的，所以还是把粉底涂在脸上，具体是涂在从颧骨开始向下到达下巴的竖线上，涂上三种颜色不同的粉底就可以了。我们在脸上涂上粉底后，要找到合适的光线来观看。假如化的是舞台妆，因为使用的是镁光灯，所以粉底颜色根据舞台灯光的颜色做调整。如果是生活妆，就要走到户外的自然光下观察，看起来是跟脸部的皮肤很好地融合在一起，这就是你要选择的粉底了。如果你的肤色偏黄，可用咖啡色加少量粉色调制比自己肤色浅一个色号的粉底；如果你的肤色偏白，可用粉色加少量咖啡色调制比自己肤色浅一个色号的粉底。如果天气转热或者是油性肌肤，具有控油成分的粉底液会带给使用者更的效果。

图 2—25　粉底

4. 定妆粉

定妆粉能够防止脱妆花妆，方便画粉质的眼影和腮红（见图 2—26）。

（1）按透明度分类

1）透明蜜粉。自然，轻薄，适合唯美日妆、新娘妆。

2）有色蜜粉。有一定的遮瑕效果，适合影楼妆、舞台妆。

（2）按光泽度分类

1）珠光。多用于高光部位。

2）亚光。面部常用。

图 2—26　定妆粉

二、彩妆化妆品

1. 眼影

用于眼部的化妆（见图 2—27），使眼部具有立体感，分为粉末状、膏状、液体三种。

（1）粉末状眼影。色彩丰富，易涂抹。有亚光、珠光两种。

（2）膏状眼影。以珠光色为主，操作快捷，可用手指涂抹，有光泽滋润的感觉，上妆时间较短。

（3）液体眼影。光泽度较高，颜色种类少，多用于提亮眼头、眼尾，卧蚕。

图 2—27　眼影用品

2. 眼线

眼线用来调整和修整眼形，强化眼部的神采（见图 2—28）。

（1）眼线笔。传统工具，易操作，适合初学者，但也易脱妆。

（2）眼线液。有质感，线条清晰，不易晕妆。

图 2—28　眼线用品

（3）眼线膏。颜色鲜明，线条粗细好掌握，配合眼影刷使用。

（4）眼线粉。眼影眼线两用，颜色质感不强，易脱妆。

（5）眼线胶笔。新生代产品，结合了膏与笔的优点，方便操作，不脱妆。

3. 睫毛膏

用于修饰睫毛，目的在于使睫毛浓密纤长，增加眼部的神采（见图 2—29）。

图 2—29　睫毛膏

（1）按颜色分类

有黑色、棕色和透明睫毛膏。

（2）按功能分类

1）防水型。遇水不易脱妆。

2）卷翘型。让睫毛自然卷翘，快速达到增大眼睛的效果。

3）拉长型。富含丰富的纤维，让睫毛在原有长度的基础上自然拉长。

4）滋养型（清爽型）。修复及滋养睫毛，帮助改善毛鳞片受损的睫毛。

5）浓密型。可以在一定的情况下加大睫毛的密度。

（3）按刷头形状分类

1）三角形刷头。两个截面的交叉处能充分接触到睫毛深层，把睫毛包裹一层又一层，使睫毛浓密且柔软、自然，更便于上料体。

2）四角形刷头。它可以将中间部分的睫毛拉长，使睫毛受到极小的拉力，

让睫毛变得根根分明；将眼头和眼尾的睫毛从根部变得浓密，呈现出很好的弧度，让眼形无论从哪个角度看都是完美的。

3）锥形刷头。可加强丰盈的效果，刷出如羽毛般紧密且不结块的浓密睫毛。刷毛的凹面纤维可自然地饱和吸取并包裹住每根睫毛，使睫毛浓密度、卷翘度更出众。

4）螺旋形刷头。间隙中会充满膏体，会更多量抹在睫毛上，让睫毛根根分明，不易粘连，使睫毛变得更粗硬，形成更卷翘的效果。适合任何人，尤其是睫毛短的人。根据睫毛生理曲线设计，便于涂抹，能在涂抹的瞬间均匀抹到每根睫毛的根部到梢部。

5）齿形刷头。间距大的刷头容易把睫毛刷得纤长且根根分明，间距小的刷头容易把睫毛变得浓密且丰盈卷翘。

6）迷你型刷头。让初学化妆者容易上手，不至于把睫毛膏刷到上眼皮，并且可以轻松地从睫毛根部刷起。这种小刷头的睫毛刷也很适合刷下睫毛，无论是用睫毛头竖向或横向都很容易把握。

7）钢制刷头。无毛刷的钢棒设计，能令丝质的纤维更易扫在睫毛上，令睫毛纤长分明。

4. 眉部彩妆用品

在化妆中，眉毛部分的刻画是不可缺少的重要环节（见图 2—30）。

（1）眉部用品分类

1）眉笔。铅笔状，颜色有黑、灰、棕。质地偏硬，可以刻画眉毛线条感。

2）眉粉。使用眉刷，色彩自然，用于自然眉形，可搭配眉笔使用。

3）染眉膏。遮盖力强，方便协调眉色与发色。

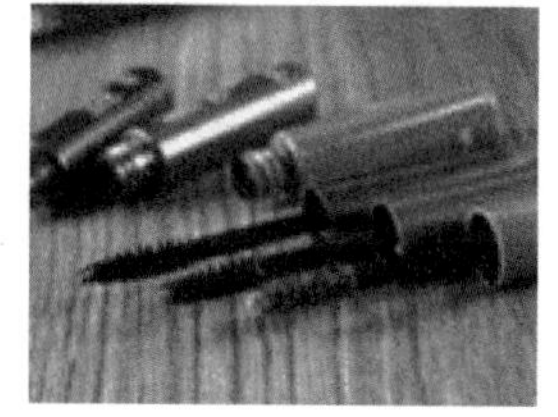

图 2—30　眉部用品

（2）眉笔的挑选与使用。在挑选眉笔颜色时，需要考虑肤色、发色和眼睛大小这三个方面，这样才能选到配合妆容的最佳眉笔。

1）眉笔的挑选。根据肤色、发色和眼睛大小来挑选眉笔。

①头发色与眉色。眉色和头发颜色最好处于一种色系，深浅度不要相差过大，这样眼妆看上去才较自然，如果相差太大，就需要改变眉色。

②肤色与眉色。肤色同样是化眼妆选择眉色的参考标准，深色皮肤一定不要选择过浅过红的眉色，深棕或灰黑的眉色比较适合。

③眼睛大小与眉色。眼睛的大小也和选择眉色有一定关系，如果眼睛明亮且大，目光敏锐，眉色则不能过淡，适合明快偏深的眉色，眉毛也可适当粗一些。相反，如果眼睛柔和或者眼睛偏小，眉毛适合偏弱的色调，眉形可以相应变细一点。

2）眉笔的使用方法。同时使用眉粉和眉笔，利用自身眉形和眉毛的长势，确定眉头、眉峰、眉尾等位置，用眉粉勾勒出眉形，眉笔对不足的部分进行修饰。

5. 脸颊化妆用品

腮红又称胭脂（见图 2—31），用于脸颊两侧，是修饰脸形、美化肤色的最佳工具。

按形状区分，分为粉质、膏状和液体腮红等。

（1）粉质腮红。使用方便，易于涂抹均匀。在定妆之后用腮红刷涂于颧骨附近。

（2）膏状腮红。有滋润光泽感，色彩相对浓重一些，在定妆之前使用。

（3）液体腮红。持久，不易脱落，还可以用作唇部的化妆，但涂抹范围不好控制。

图 2—31　腮红

6. 唇部化妆用品

唇部化妆品主要作用是保护唇部皮肤，增加唇部的健康感（见图 2—32）。

一般有口红、唇膏、唇彩、唇蜜、唇线笔等。

（1）口红

1）哑光口红。含色素最多，颜色最浓。它本身没有光泽也不反光，但能长时间保持不褪色。不含滋润成分，所以不适合薄唇和唇纹较多的女性。

2）缎光口红。缎光口红油脂含量高，所以显得光亮，而且色彩稍浅，轻薄透明。这种口红一般略微黏稠并带有香味。易擦拭，滋润度很好，经常和亚光口红或唇蜜搭配使用，可以达到颜色和光泽并存的效果。

3）亮泽口红。也称荧彩口红或唇冻，含有一些反光粒子，比如云母、矽土、人造珍珠或者鱼鳞。亮泽口红以浅色为主，适用于特殊场合。

4）持久口红。几乎所有口红都有易脱落的问题，需要及时补擦，但这类口红解决了这个问题。有些持久口红非常干燥。持久口红通常包括基础护理和添加缎光两部分。基础部分有能长久保持颜色的硅油，一旦口红干掉，可以擦无色的缎光来增加光泽。缎光部分可以反复擦拭，但底色在卸妆后才能洗掉。

（2）唇蜜。介于亚光和缎光之间，比哑光类含蜡多，所以对双唇的保护度更佳，但也常使嘴唇干燥。

（3）唇膏。便于携带，色彩饱和度高，遮盖力强，不易脱妆。

（4）唇彩。黏稠液体状，晶亮剔透，滋润度高，用于提亮唇色，易脱妆。

（5）唇线笔。刻画清晰的唇部线条，塑造唇形。颜色近于唇色或唇膏色。

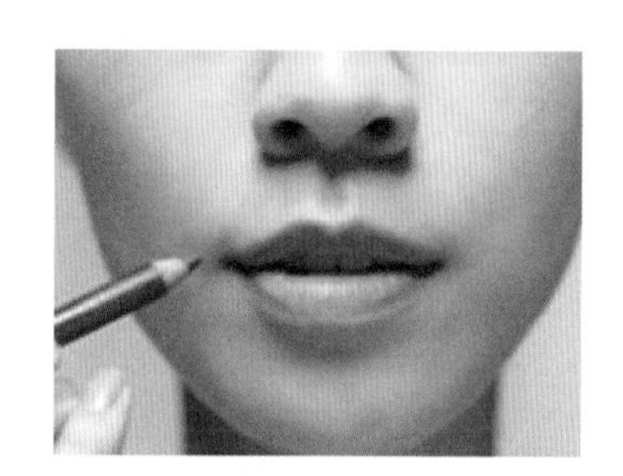

图2—32　唇部用品

7. 修容饼

修容饼为粉饼状，有高光和阴影两色，故称之双色修容饼（见图2—33）。强调人物面部的立体效果。适用于修饰性较强的妆面、T台妆、晚宴妆、男妆、影视妆。

图 2—33　双色修容饼

第3章 化妆基本程序

第1节

沟通与团队意识的建设

一、概念

沟通可以让顾客感到愉快、亲切、随和，缓解和释放压力。沟通有助于与顾客建立良好和谐的关系，为顾客提供高品质的服务；有助于顾客说出自己的妆面需求；有助于化妆师与顾客共同探讨妆面造型；有助于化妆师决定采用哪种风格，判断妆面的浓淡程度及色彩偏好，在最短时间内完成化妆工作；有助于增加化妆师与顾客之间的信任。

1. 沟通的概念

沟通是发送者凭借一定的渠道将信息传递给接收者并寻求反馈，以达到相互理解的过程，是人与人之间思想和信息的交换过程。目的是让对方理解你所传达的信息和情感，获得理解和支持。沟通的品质取决于对方的回应。

2. 沟通的三要素

沟通的三要素包括：信息发出者、信息通道、信息接收者。

3. 沟通的类型

按沟通方式可分为语言沟通、书面沟通与非语言沟通。

（1）语言沟通。是指信息发出者通过说话的方式将信息传递出去，而信息的接收者通过听觉接收信息后做出反馈的过程。

（2）书面沟通。是指通过文字、图像表达信息的沟通方式。如文件、信件、便条、备忘录、传真件、电子邮件等。

（3）非语言沟通。是信息发出者通过身体动作、体态、语气、语调、空间距离等一些方式传递信息给信息接收者，信息接收者通过视觉、听觉、嗅觉、触觉等接收信息并做出反馈的过程。这种沟通信息多半是在自己无意识状态下

发出的。

4. 沟通的条件

（1）语言与沟通。语言是人与人沟通的主要形式，同时也是最为有效和最为精确的形式。对于不同文化背景下的群体，同样的语言所承载的意义有很大差别。

语言的表达方式同样具有沟通意义。一个人的语言沟通方式直接受到教育程度、社会地位、职业等因素的影响。

（2）理解与沟通。沟通不仅仅是信息的传递，还包括意义的被理解。化妆师与顾客双方发送的信息再完整清晰，但接收的一方如果不能准确理解也会导致沟通的失败。理解的多少，取决于参与沟通的人在沟通中对所涉及的主题和所使用的词汇有多少共同经验。对于同一个问题的理解，既有来自共同社会经验而与别人相同的理解，也有来自于个人独特经验的特殊理解。

在我们的工作中，要多理解客户的需求，从客户需求出发。掌握了“理解”就掌握了沟通的核心部分，增加了客户对我们的信任，开辟了人际沟通的桥梁。

5. 沟通的背景

（1）物理背景。物理背景指沟通发生的场所，化妆场所的噪声、环境布置、灯光、颜色搭配都会影响到沟通效果。

（2）心理背景。心理背景指沟通参与者的情绪或态度。包括两个方面：一是沟通者的心境状态。化妆师与顾客的心境好，沟通的过程就容易进行；心境状态消极，处于烦躁、悲伤或焦虑状态时，沟通常常会发生困难。二是沟通者双方相互接纳的状态。如果化妆师与顾客是悦纳的，沟通过程就会比较顺畅；反之，则常会出现偏差，引起人际冲突。

（3）社会背景。一方面指沟通者之间的社会角色关系。对于每一种社会角色关系，无论是师生关系、恋人关系、亲子关系，还是一般朋友关系，人们都有一种特定的交往适当性概念或期望。化妆师与顾客沟通在方式上符合了顾客的适当性概念，就被认为是恰当的而被顾客所接纳。

另一方面指沟通情境中不直接参与的其他人对沟通产生的隐性影响。比如在化妆师与顾客交谈时，如果有别人走近，就会自然地压低谈话的声音，或是干脆终止了谈话。

（4）文化背景。文化背景指沟通者出生以来长期文化经验的积累。它影响着每一个人沟通的过程及沟通中的每一个环单元。

二、影响沟通的障碍

1. 语言表达不清晰导致的障碍

如说话时语音不准、口音不清，说话啰嗦、没有条理等。

2. 知识经验水平差距导致的障碍

在与顾客的沟通中，如果化妆师与顾客的经验水平和知识水平差距过大，就会产生沟通障碍。

3. 信任程度导致的沟通障碍

如果化妆师和顾客彼此信任、尊重，信息沟通会顺畅得多；反之，沟通的效果会大打折扣。

4. 信息传递环单元过多导致的沟通障碍

信息传递的环单元越多，信息失真、曲解、丢失的可能性也越大。

5. 沟通方式选择不当导致的沟通障碍

在化妆工作中，化妆重要事项的传递，如果选择口头沟通方式，会被认为缺乏规范和保障，所以要以书面合同的方式沟通。

6. 信息量过大导致的沟通障碍

过量的信息会使接收者无所适从，分不清哪些是重要的，哪些是必需的。比如顾客所了解的化妆信息来源不一、内容各异，常常真假难辨，在这种情况下，顾客很难做出正确、及时的反应。

7. 认识差异导致的沟通障碍

由于每个人的认识水平、看问题的角度不同，即使对同样的事情也会有不同的理解和看法。

8. 个性因素导致的沟通障碍

信息沟通在很大程度上受个人心理因素的制约。个体的性格、气质、态度、情绪等的差别，都会成为信息沟通的障碍。

9. 心理和情绪的影响

由于化妆师和顾客之间存在着职位、地位等差距，或年龄、学历、性别等差异，如果化妆师和顾客之间缺乏正确的认识，产生害怕、自卑或自以为是的心理，在沟通上就不能采用恰当的尊重态度、语气，从而会歪曲信息发出者的

意图，对沟通造成障碍。

化妆师高效沟通的六个步骤：事前准备、确认需求、阐述观点、处理异议、达成协议、实施化妆。

三、沟通的技巧

1. 基本沟通技巧

（1）良好的心态。每个人都有自己的特色，要做好跟顾客的沟通，化妆师首先要接纳自己的特性，允许自己跟别人有所不同。要学会自我肯定，看到自己的优势和所做的努力。当面对工作压力时，能够做到两害相权取其轻，合理面对工作压力。

要养成愉快、活泼、宽容的心态，积极主动与客户多接触多沟通。让对方有一个好心情是与客户建立良好关系的基础。

要充分地尊重客户，替客户着想，照顾客户的感受，多换位思考。以礼貌、乐观、整洁的个人形象面对客户，在获得他人好感的同时提升自身形象。

（2）以微笑面对顾客。微笑是融合剂，是世界通用的体态语，是人际关系中最有吸引力、最有价值的面部表情，它可以超越各种民族和文化的界限。化妆师的微笑是开启顾客心门的钥匙。

化妆师在和顾客沟通或者交谈的时候，一定要面带微笑看着顾客。和顾客交谈，不管顾客讲的是什么，一定要保持自己的良好形象。

（3）学会倾听。化妆师在与顾客沟通时，以获得更多的妆面信息为目的，所以要学会接收并理解顾客传递的信息。

化妆师在听顾客说话的时候，要与顾客保持目光接触，集中注意力，不要让自己因外界干扰而分心。选择一个顾客觉得舒服的位置与顾客进行沟通，与顾客保持恰当的距离。在沟通过程中，化妆师可以通过提问来澄清要了解的妆面内容，但也不要问太多的问题，以免打断说话人的思路。化妆师要适当地根据自己的理解用自己的话复述信息，反馈给顾客，以进一步确认需求。对于妆面的关键环单元，要适时记录以备参考。在听的过程中，要从顾客的言谈举止中感受顾客的个性，选择合适的沟通方式与顾客沟通。与顾客沟通结束后要做一个总结，并及时反馈给顾客达成协议。

（4）学会赞美顾客。化妆师在与顾客相处时要真心诚意，用热切的眼神时刻关注顾客。根据客户的文化修养、个性性格、心理需求、所处背景、角色关系、语言习惯乃至职业特点、性别年龄、个人经历等不同因素，恰如其分地表扬或称赞对方。

在赞美顾客时，要明确具体，明确指出顾客的哪个方面值得赞美，比如化妆师从专业的角度赞美顾客的皮肤、发质。赞美时要确定好对象、找准点，要适可而止。

（5）把握好沟通的时机。沟通的时间、地点、方式都会对沟通的效果产生重要影响。在时间方面，如果顾客正处理紧要工作或因受挫而情绪低落，信息沟通的效果会很差，这时最好保持沉默。

2. 妆面沟通技巧

（1）专业语言的积累。化妆师除了要牢记化妆专业术语外，还要有丰富的知识面。注重平常积累，多看一些化妆杂志，牢记所用化妆品的优点及效果。

（2）妆面沟通内容。了解顾客喜欢的风格，了解顾客的性格和偏好，跟顾客一起分析一下顾客的脸形、身材、五官轮廓，介绍你根据顾客需要设计的妆面思路，可以给顾客看一些接受过服务的客人的照片，给顾客一些感性的认识。同时，对于化妆要准备的细单元、工具、配饰及费用等进行沟通。

（3）选择合适的展示角度。与顾客交流过程中，可以让客人展示不同的角度。可以请客人站起来，旋转一下，以观察他（她）的动感，还可拿出一面镜子，与客户沟通笑容。总之，化妆师在沟通的时候，要让客户感觉到专业风范以及备受尊崇的感受。

（4）坚持和妥协。很多客户不太懂化妆，经常在化妆过程中给化妆师提出过分的要求，在这种情况下，很多化妆师都附和客户，最后往往效果不理想，双方最终都不满意。遇到这种情况，建议化妆师用自己的专业知识尽可能说服客户，因为顾客要的是最终结果——好看。如果顾客很固执，即使 90% 的人认为不好，也还是坚持自己的观点，这种情况化妆师要学会妥协。

（5）处理异议的方法。当遇到异议时，不要轻易打断或反驳顾客。相反，如果自己的观点得不到顾客的认可也不必急躁，要态度良好地虚心听取顾客的批评和意见，并通过点头、赞美、微笑给对方积极的回应和暗示。在与顾客沟通中如果遇到了异议，首先要了解顾客的观点，用顾客对你有利的观点来说服顾客。

（6）指责的应对。当面对客户的指责时，应该从容不迫，有则改之，无则加勉，泰然处之。首先要保持冷静，控制好自己的情绪，认真倾听顾客所说的话。搞清楚对方指责和抱怨的是什么，让对方及时亮明自己的观点和看法。不管你

是否赞同，都要在听完后再做分辩。

请客户说明自己的观点、具体的问题和要求，这时化妆师的态度一定要和气，不要计较顾客的态度好坏。一般情况下，顾客指责完毕，气也消了一半了。即使有时候顾客的指责纯属无稽之谈，也要对其表示赞同，或者暂时认为顾客的指责是可以理解的。只有化妆师做到心平气和，才能获得更多的机会和时间进行解释以化解顾客的不满，平复顾客的情绪。

（7）理智面对他人的否定。在工作中遇到他人对我们工作的否定时，首先要引起重视，重新审视自我，更清晰、正确地认识自我。如果你认为是正确的，就应该用高超的技艺，用诚心和智慧让对方重新审视你，给你一个全新的评价。如果遇到权威的否定，不要妄自菲薄，把权威对你的否定化为一种动力，积极向上，相信必有所成。

四、团队意识的建设

团队意识是团队的灵魂，简单来说就是个人的大局全局意识、协作精神和服务精神。团队的核心是协同合作，形成个体利益和整体利益的相对统一，从而增强全体成员的向心力、凝聚力。如果失去团队精神，就不利于整个行业的进步与发展，如同一盘散沙，难以维持良好的运转模式，并且呈现低效率状态。而具有良好的团队意识，使其凝聚力强，工作热情高，并有不断的创新行为，利于推动整个化妆行业的可持续发展。化妆师随着行业的发展，无论是应对影视产业化的团队协同工作，还是普通人化妆消费的商业规模化经营，都使得化妆从传统的技能个体工作，发展到了团队协同配合的环境，化妆师的团队意识建设成为当务之急。

建立团队意识，可以从以下几点完善：

1. 加强沟通，正确理解团队目标

通过会议、谈心、讨论、个别交流等多种形式进行沟通，使团队目标与个人得失得到正确理解，树立团队力量大于个人能力与得失的观念。

2. 加强个人学习，培养主动做事的品格

凡事只有主动才会善于思考，周密规划，尽可能做到完美，而不是简单地执行工作任务，还要根据自己的工作职责和要求，主动思考，创新思路，为团队决策提供参考。团队成功才会有个人利益。

3. 培养敬业精神

一个人有敬业精神，才能把集体的事情当成自己的事情。一个人有责任心，才愿

意为团队更好地发挥自己的聪明才智。

4. 培养合作品质

正确理解一个人的价值只有在集体中才能得到体现，个体的能力永远是有限的，而集体的力量才是无限的。

5. 培养全局意识和大局观念

每个人都为团队的整体目标不懈努力，才有了集体的力量，因此，要互相尊重、互相支持、互相配合、互相帮助，努力成为眼界宽、胸襟宽、思路宽的人。

第 2 节

妆　　前

一、了解皮肤类型

大家都知道，一个合格的妆面，干净整洁的底妆很重要。所以，我们要了解皮肤的基本类型，正确护理好皮肤。皮肤的结构每个人都一样，但是皮肤类型却各有不同。皮肤的基本类型有四种——干性、油性、混合性以及中性。

1. 干性皮肤的皮肤特征

皮肤纹理细致、没有毛孔，全脸没有油光，感觉干燥绷紧。脸上有细碎的干纹，甚至眼部及唇部四周出现明显的表情纹、皱纹。干性肌肤在洁面之后通常会有较长时间的紧绷感，换季时特别干燥，容易出现敏感和脱皮的现象。

2. 油性皮肤的皮肤特征

在脸部大部分区域毛孔粗大明显，满面油光，肤质看上去有些粗糙。通常洗完脸 2 ~ 3 小时后就有油腻感了。鼻翼两旁有明显黑头，T 区经常有粉刺和痘痘的困扰。

3. 混合性皮肤的皮肤特征

混合性皮肤是成年人中较常见的肤质类型。表现为脸部 T 字部位容易泛油光，出现油性肤质的困扰，两颊却又显得比较干。混合性肤质通常会随着季节而转换。例如，在夏季会混合偏油，但在冬季又会偏干。

4. 中性皮肤的皮肤特征

中性肌肤是最理想的肤质。皮肤不油也不干，毛孔细小，皮肤细腻有光泽。皮肤很健康且质地光滑，有均衡的油分和水分，很少有痘痘及黑头。

二、化妆前的准备工作

化妆师在化妆前应做好充分的准备工作，确保化妆过程顺利进行。应提前到岗，着装大方得体，发型干净利落，清洁双手，保持口腔和身体的清洁。

1. 化妆用品和化妆工具的准备

清洁化妆工作台，化妆用品按使用顺序或高矮顺序摆放整齐（见图 3—1）。化妆工具应事先清洁并消毒，消耗品采用新的（海绵、粉扑、化妆棉），工具的摆放要整齐，方便化妆。

图 3—1　化妆台

2. 化妆灯光的准备

化妆台要配备镜子与照明设备，避免光线过强或光线不足。

3. 妆前沟通服务

化妆师要主动热情与化妆对象沟通，询问其对妆面的要求及个人喜好，了解其皮肤状况。根据 TPO 原则（时间、地点、场合）为化妆对象做整体形象设计。时间具体是指年代、季节、早晚，时间不同，妆面也会有所不同。地点是指化妆要适合所处的空间环境。场合是指化妆应顾及活动场所的气氛和规格。

第 3 节

化　　妆

一、基面化妆

基面化妆，就是指重新塑造皮肤的过程，即对脸部皮肤进行色调调整，使面部的肌肤变得生动、优美，这是整个面部化妆的基础。

1. 基面化妆的目的

基面化妆最主要的目的是使脸部变得更加有立体感，可以使用渲影法和匀明法。所谓渲影法，就是指通过制造脸部阴影，使脸部出现凹陷，产生明暗交替、变化有序的感觉。渲影多采用较深暗的色彩。渲影法适合脸部较为肥胖的人，因为渲影通常涂在眼窝和脸部比较凸起的部位，这样可以使脸形产生拉长的感觉。匀明法是指在脸部制造明亮，使脸部出现鲜亮生动的感觉，不同的肤色和肤质应该采用不同的亮色。

在化妆前一定要了解化妆对象的脸形和肤质，然后确定化妆对象需要化什么样的妆。

2. 基面化妆的方法

（1）洁肤。去除脸部的油污及吸附在面部的灰尘、细菌。可使用卸妆用品对皮肤表面进行清洁，也可用洁面用品对皮肤表面进行清洁。

1）洁肤的操作方法。先将卸妆用品或洁面用品涂于面部，然后用手指在面部全面进行清洁。清洁时应按顺序进行。

2）洁肤的清洁顺序。额头—眼周—面颊—下颏—嘴部—鼻。

（2）护肤。根据化妆对象的皮肤类型选择适当的爽肤品，以滋润皮肤、调理皮肤。再涂抹润肤品，对皮肤起到保护作用。

爽肤品中的化妆水可再次清洁皮肤，补充水分，收敛毛孔，软化角质，柔软皮肤，调节皮肤 pH 值，平衡汗液和油脂分泌，使皮肤光滑细腻。

化妆水可分为柔软型化妆水（收敛毛孔，促进皮肤自然柔和，适合任何肤质）；收敛型化妆水（收敛毛孔，促进妆面持久不变，适合油性肤质）；润肤型化妆水（增强保湿功效，中干性皮肤使用使皮肤显得滋润光泽）；营养型化妆水（补充皮肤的养分、水分，适合干性皮肤、衰老性皮肤）。

相关链接

化妆水的使用

（1）单纯做化妆水使用。洁面后，倒适量化妆水在化妆棉或手心上，用拍打的方式促进吸收。

（2）二次清洁。用化妆棉蘸取化妆水，在脸上轻轻擦拭，带走没清洁干净的油脂和灰尘。

（3）泡纸膜敷脸。用化妆水浸湿纸膜或者化妆棉，敷在面部 5 ~ 15 分钟。高机能化妆水（美白化妆水、美容液等）特别适合敷脸，有效成分能够更好吸收。

（4）保湿喷雾。把化妆水灌装到喷雾瓶子里，在觉得脸上干燥的时候就喷喷用来保湿补水。

（5）擦洗面膜。用化妆棉蘸取化妆水擦拭，清洗一些免洗或水洗的面膜。

（6）粘贴美目贴（见图 3—2）。化妆棉浸湿化妆水，轻拍面部，用手蘸取化妆水，拍化妆水，空出眼睛部位。

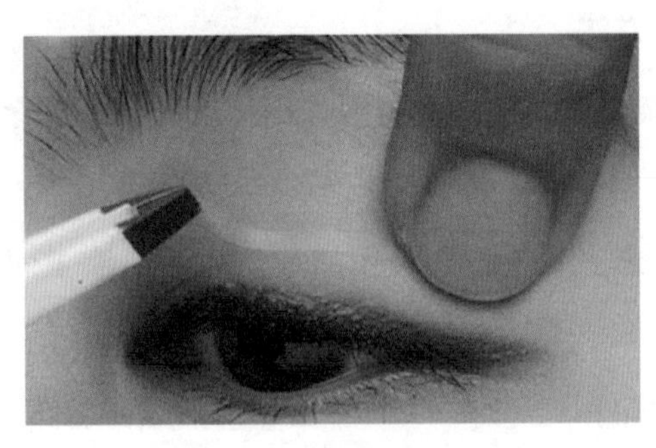

图 3—2　粘贴美目贴

美目贴要在底妆进行之前粘贴，直接与皮肤接触粘贴更紧实，不易脱落（见表 3—1）。

表 3—1　　　　美目贴的用法

眼形	褶皱	褶皱线	睫毛根	美目贴
真双	有	有，睁眼后隐藏	可见	可贴
内双	有	有，睁眼后隐藏	隐藏	要修剪得细小一些
假双	无	有	隐藏	有难度，不好贴
真单	无	无	可见	不贴
多层	有	有，睁眼后隐藏	可见	通过美目贴实现统一化

护肤的操作方法：先在清洁后的皮肤上涂抹与肤质相适应的爽肤品和润肤品，也可敷妆前面膜，使皮肤得以滋润，易于上妆。后涂抹隔离霜，既可调整肤色，也可消除化妆品对皮肤的影响。

（3）底妆。主要包括涂抹底妆用品等，以便调节肤色。根据化妆对象肤色特征，运用相应的妆前乳进行调整（妆前乳的选择与运用参见第二章内容）。

根据皮肤的性质与妆面的要求选择粉底。用来打粉底的工具有海绵、粉底刷，采用点、按、拍、揉、涂抹等手法将粉底均匀地涂抹于面部。

1）涂抹底妆的顺序。额头—面颊—鼻部—唇周—下颏。

2）涂抹底妆的方向见图 3—3。

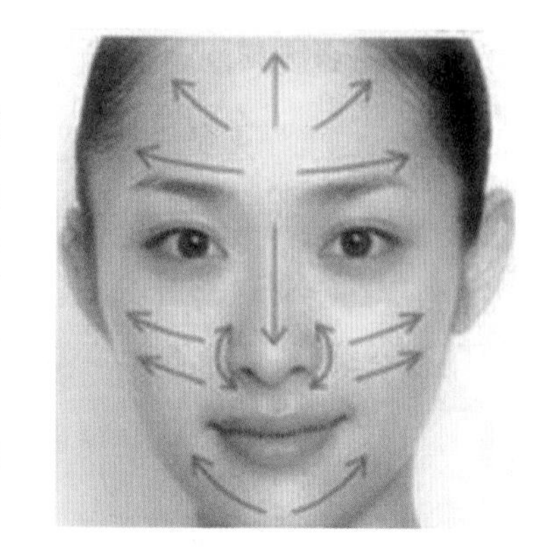

图 3—3　粉底涂抹方向

3）涂抹底妆的手法。印按法：用手拍按下去，顺势滑向一旁，由上至下涂抹均匀，适用于基础底色的涂抹与阴影色、高光色的自然衔接；点拍法：用手直上直下拍打，不做移动滑行，牢固持久，附着力强，易使粉底显厚，适用于显示提亮或掩盖瑕疵；平涂法：横向移动，涂抹均匀，表面显示均匀，但附着力不强（容易脱妆），适用于粉底过厚需要减薄的部位或上眼睑。

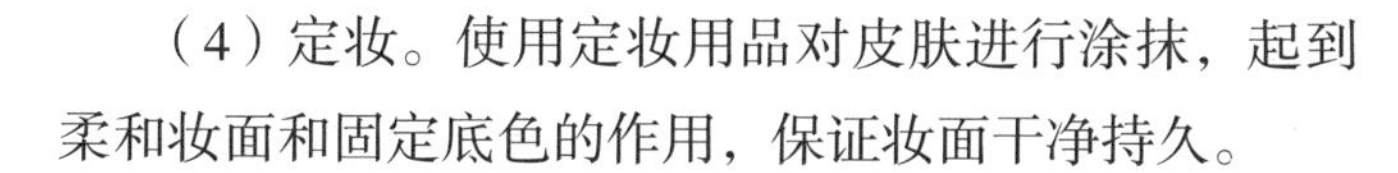

（4）定妆。使用定妆用品对皮肤进行涂抹，起到柔和妆面和固定底色的作用，保证妆面干净持久。

定妆粉的运用：根据妆面要求选择定妆粉。运用散粉刷蘸取定妆粉，顺着皮肤的纹理进行扫刷。

1）定妆的涂抹方法。用粉扑蘸取少量定妆粉，在皮肤上轻轻按压以固定妆面。定妆时，不可用粉扑在妆面上来回摩擦，以免破坏妆面。

2）易脱妆的部位。鼻部、唇部、眼部周围要防止脱妆，这些部位要小心定妆。

3. 注意事项

（1）底色要求涂抹均匀。这里所谓的均匀，并不是指面部各部位底色薄厚一致，而是根据面部结构特点，在转折的部位随着粉底量的减少而制造出朦胧感，从而强调面部的立体感。

（2）各部位衔接要自然，不能有明显的分界线。在鼻翼两侧、下眼睑、唇部周围等海绵难以深入的细小部位，可用手指进行调整。

（3）阴影色、高光色的位置应根据具体的面部特征而有所变化。

（4）定妆要牢固，粉扑要均匀，在易脱妆的部位可多进行定妆。

相关链接

1. 不同肤质的粉底修饰技巧

（1）油性皮肤。油性皮肤容易出油，在修饰粉底之前应将皮肤控油。尽量选择泡沫型洗面产品清洁皮肤，然后选择含酒精成分的爽肤水进行控油，选择液体粉底。

（2）干性皮肤。干性皮肤缺乏水分，在粉底修饰之前，选择滋润型护肤产品或者做保湿面膜，然后选择液体粉底或霜状粉底。

（3）混合性皮肤。水油分泌不均衡导致皮肤的混合状态，根据皮肤干和油的区域来进行修饰处理。

（4）敏感性皮肤。敏感性肌肤，皮肤角质层薄，吸收效果较差，可选择安全性高的底妆进行薄薄的一层修饰。

2. 皮肤常见问题的修饰技巧

（1）面部有痘或凸起物的肌肤。淡化面部表面的凸起物，如果修饰不掉，不明显就可以。

（2）毛孔粗大肤质差的肌肤。用海绵打粉底，利用按压的手法，将粉底修饰于整个面部（见图 3—4）。

（3）暗黄无光泽的肌肤。选择紫色修颜隔离霜，在上基础色粉底之前，均匀地涂抹在整个面部，等待吸收后再上基础色粉底。

（4）面部泛红的肌肤。选择绿色的修颜隔离霜，用在基础色粉底之前，均

匀地涂抹在面部泛红的地方，然后再上基础色粉底（见图3—5）。

图3—4　海绵打粉底

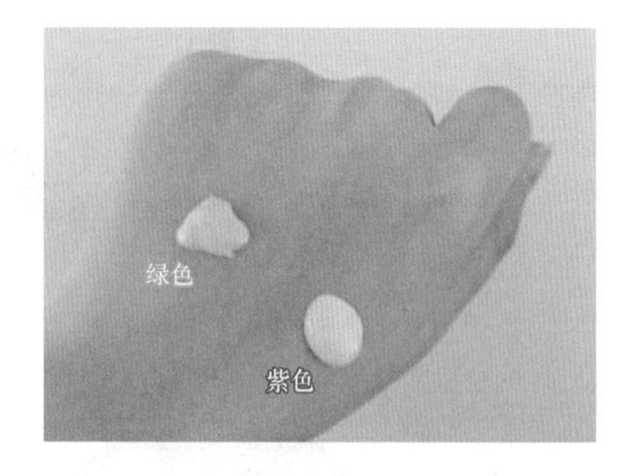

图3—5　修颜隔离霜

（5）眼袋的修饰技巧。在眼袋下方的凹陷处，用浅色粉底提亮，让凹陷的位置膨胀，使眼袋看起来不明显，眼袋处涂抹基础色（见图3—6）。

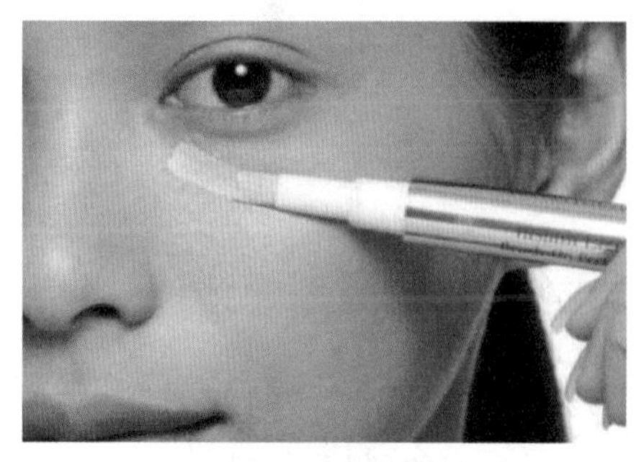

图3—6　眼袋修饰

二、眉的修饰

古诗中形容女人的美丽常常离不开对眉毛的描述。“须教碧玉羞眉黛，莫与红桃作麹尘。”自古以来眉毛就是女人们表达含蓄情感的象征，也是眼睛最好的陪衬。眼睛是心灵的窗户，那么我们可以把眉毛看成是窗帘；眼睛是人生的一幅画，那眉毛就是画框。长在眼睛上方的眉毛，在面部占有重要的位置，具有美容和表情作用，能丰富人的面部表情。双眉的舒展、收拢、扬起、下垂，可反映出人的喜、怒、哀、乐等复杂的内心活动。在中国文学里有很多形容眉毛的，如扬眉剑出鞘、眉飞色舞、剑眉入鬓、蛾眉谈扫、眉头紧锁、喜上眉梢、柳叶弯眉、眉目传情，等等。

1. 眉形

（1）眉的构造（见图3—7）。眉毛起自眼眶的内上角，沿眼眶上缘向外略呈弧形至眼部外上角止。靠近鼻根部的内侧端眉头，外侧端称眉梢，最高点称眉峰，眉头与眉峰之间称眉腰。

（2）标准的眉形（见图3—8）。眉头位置在鼻翼与内眼角连线的延长线上，眉尾在鼻翼与外眼角连线的延长线上，与鼻中线的夹角是45°；眉毛平均分为三等份，眉峰位于从眉头开始的2/3的位置；眉头与眉尾在一条直线上。

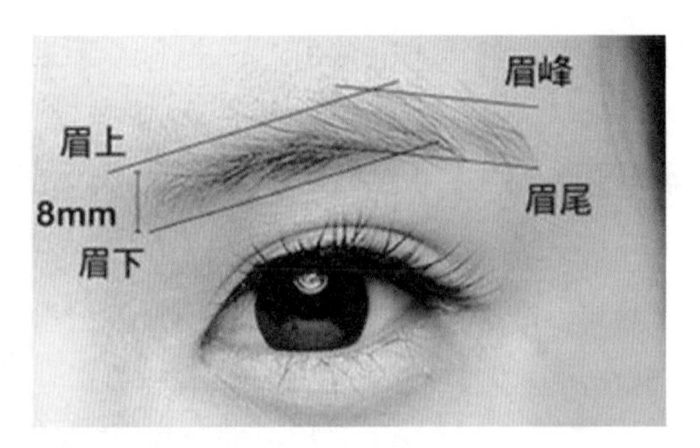

图 3—7　眉的结构

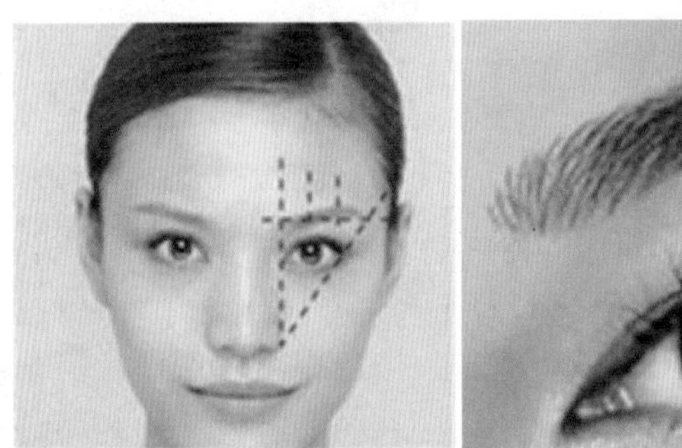
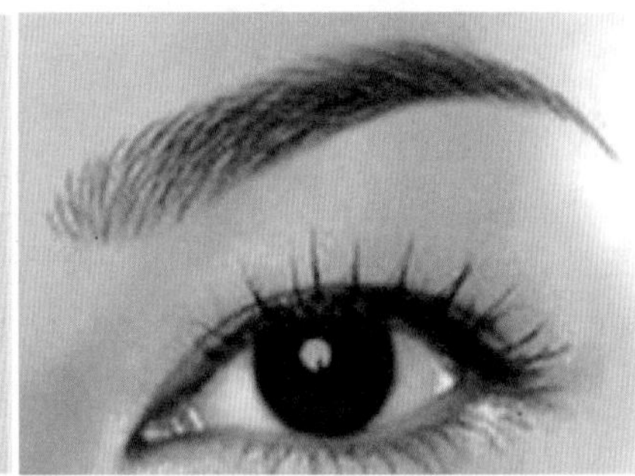

图 3—8　标准眉形

2. 眉形的修饰

修眉首先要画出适合自己的眉形。标准是眉头到眉峰的长度大约为眉长的2/3，眉峰到眉梢的长度为眉长的1/3，眉头和眉梢的落点基本在一个水平线上。特别要注意两边对称。眉毛的形状要配合脸形。

（1）修整眉形的步骤（见图 3—9）。先用眉刷整理眉毛，并根据脸形及五官比例设计眉形。用左手绷紧眉毛部位的皮肤，右手拿眉夹（钳）一根一根地顺着眉毛生长方向拔除杂眉（用眉刀刮去杂眉），最后用眉剪（为避免划伤自己，请选用弯头眉剪）将长短不齐的眉毛修剪整齐。

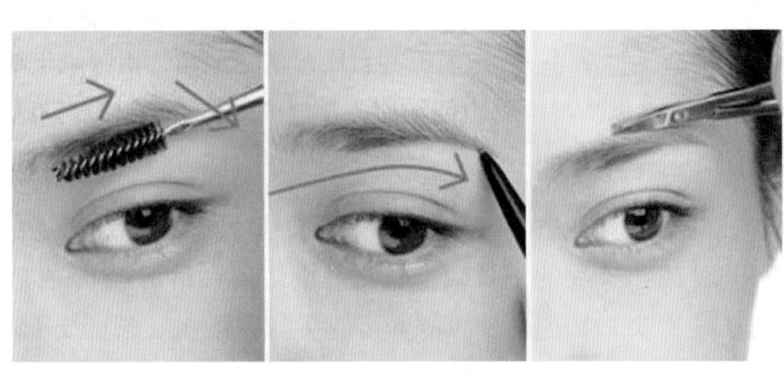

图 3—9　修整眉形

注意：不管是用刀还是用镊子，均需顺毛方向剃除或拔除。

（2）修整眉形的方法。修眉一般有三种方法：拔眉法、刮眉法、修剪法。

1）拔眉法。是采用眉镊将散眉及多余的眉毛连根拔出。

2）刮眉法（见图 3—10）。是用修眉刀将不理想的眉毛刮掉。

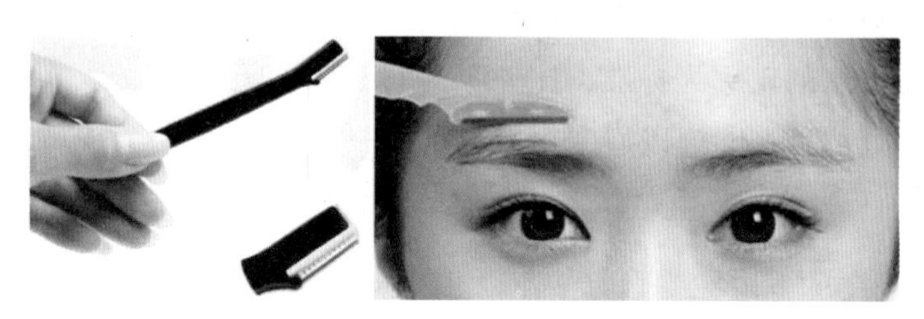

图 3—10　刮眉法

3）修剪法。是用眉剪对杂乱多余的眉毛或过长的眉毛进行修剪。

相关链接

常见的修眉操作方法

修眉方法	操作方法	优缺点	注意事项
拔眉法	左手将眉毛周围的皮肤绷紧，右手用眉镊夹住眉毛的根部；顺着眉毛的生长方向将眉毛一根根快速拔掉	优点：修过的地方干净，眉毛再生速度较慢，眉形保持时间较长； 缺点：拔眉时有轻微的疼痛感	可在拔眉前用毛巾热敷，使毛孔扩张，减少拔眉时皮肤的疼痛感
刮眉法	左手将眉毛周围的皮肤绷紧，右手握住修眉刀与皮肤呈 45°，顺着毛发生长方向向下轻轻滑动	优点：紧贴皮肤切断眉毛，没有疼痛感，且清除速度快； 缺点：眉毛刮除后再生速度快，且重新长出的眉毛更加粗硬	握修眉刀的手要稳，并掌握好修眉刀与皮肤的角度；为保证刮眉的安全性和准确性，需从眉的远端刮除
修剪法	先用眉梳根据眉毛生长方向，将眉毛梳理整齐；再将眉剪平贴在皮肤上，从眉梢向眉头逆向修剪	优点：将修完的眉毛再进行修理，针对过长或下垂的眉毛进行修剪； 缺点：需在前面两种修眉方法的基础上完成	为形成眉形的立体感与层次感，眉峰至眉头部位，除特殊情况下，不宜修剪

3. 眉的修饰方法

（1）眉的修饰技巧

1）先找出眉峰、眉尾的位置。眉尾是在鼻翼与眼尾连线的延长线和眉头的水平线的交会处（见图 3—11）。

2）毛流往下处开始描绘上边缘。由向上生长—（前段）与向下生长—（后段）的眉毛交会处开始画，以不超过眉尾、不超过眉毛上缘来描绘。

3）眉中—眉尾，画出眉毛下边缘。描绘边缘都以不超过眉的轮廓为标准，比外缘内缩 1 ~ 2 毫米才是下笔位置，同样以眉中央为起点，一直画到眉尾为止。

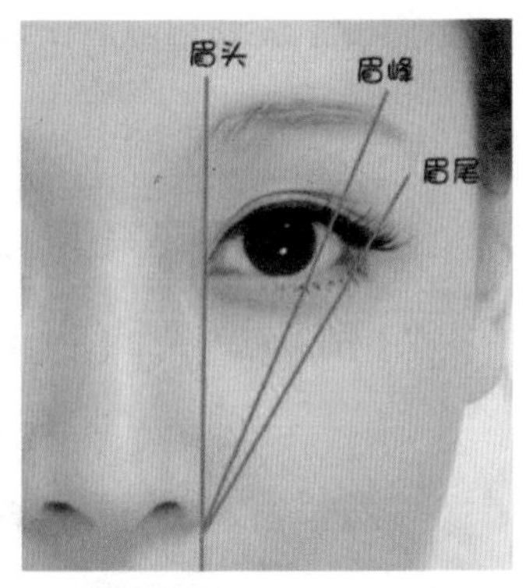

图 3—11　眉峰、眉尾的位置

4）眉尾的下边缘要修剪整齐。已经画了浅浅的眉毛轮廓，就可以发现长又往下长的不齐眉尾，用小剪刀的弯头就可以很顺利地修剪出弧形。

5）上下边缘之间用眉粉补满。补足中间没上色的地方，要顺向、逆向地刷，使其颜色均匀。

6）用较浅颜色的眉粉对上方轮廓进行描画。眉头与眉尾以外的地方，在上方轮廓处用较浅颜色的眉粉轻轻带过，就可以制造上浅下深的立体感。

7）眉头的颜色是最浅的。整个眉毛最淡的地方应该在眉头，用最浅色的眉粉点刷，蘸粉之后先在纸巾上抖落一下，减少蘸取的过多粉量。

8）刷上染眉膏。前端到眉尾都要上染眉膏，前半段顺着毛流由下往上刷，后半段顺着毛流由上往下刷，最后全部顺刷一次就完成了。染眉膏不能直接刷上去，太厚重会结块在眉毛上，先在面纸上沾掉一点，细致地刷几次会更自然。

（2）眉的修饰方法

1）眉腰—眉峰。顺着眉毛的生长方向，描画至眉峰处，形成上扬的弧线。

2）眉峰—眉梢。顺着眉毛的生长方向，斜向下画至眉梢，形成下降的弧线。

3）眉腰—眉头。用眉刷刷眉，使其柔和，与眉头衔接。

（3）眉的修饰步骤。用眉刷蘸取棕色眉粉，从眉头开始入手描画至眉峰，形成上扬的弧线；用眉笔从眉峰按照眉毛的生长方向描画至眉尾；用眉刷上的眉粉从眉腰向眉头进行描画。根据发色对眉毛整体颜色进行调整。要做到头淡中深尾明细，眉上线略浅、眉下线略深，眉色浅于发色。

（4）不同眉毛的修饰技巧

1）上扬的眉毛。给人的视觉效果比较严厉，修眉头的下方，修眉尾的上方，画眉头的上方，画眉尾的下方。

2）下垂的眉毛。给人的视觉效果比较成熟，修眉头的上方，修眉尾的下方，画眉头的下方，画眉尾的上方。

3）两眉毛之间距离近的。给人的视觉效果比较小气，利用刀片把相互连接的眉毛修开，再用镊子把眉头的地方减弱，拉长眉尾。

4）两眉毛之间距离远的。给人的视觉效果比较笨重，利用眉笔把两眉头的距离拉近。

5）文过的眉毛。选择相接近的颜色的眉笔，自然地填补空缺的位置，淡化眉毛。

三、眼的修饰

眼睛不仅是重要的视觉器官，还是容貌的中心，是容貌美的重点和主要标志。

眼睛是五官之首，人们对容貌的审视，首先从眼睛开始。一双清澈明亮、妩媚动人的眼睛，不但能增添容貌美，使人更具魅力和风采，而且能遮去或掩饰面部其他器官的不足和缺陷。“画龙点睛”这句成语，体现了眼睛生理功能中的美学意义及其重要性。眼睛的形态、结构比例如何，对人类容貌美丑具有重要的影响，因此美学家称人的双眼是“美之窗”即“心灵之窗”。

1. 眼形

眼睛由眼球和辅助组织构成，眼球表面覆盖着上眼睑（上至眉毛）、下眼睑（下至颧骨）；中间的分界线称为眼裂，眼睛两端分别是内眼角和外眼角，眼球与眉骨形成眼窝（见图 3—12）。眉骨和眼球是凸面。眼窝、内外眼角以及鼻梁与内眼角形成的面都是凹面。凹面适合用深色，凸面适合用浅色。

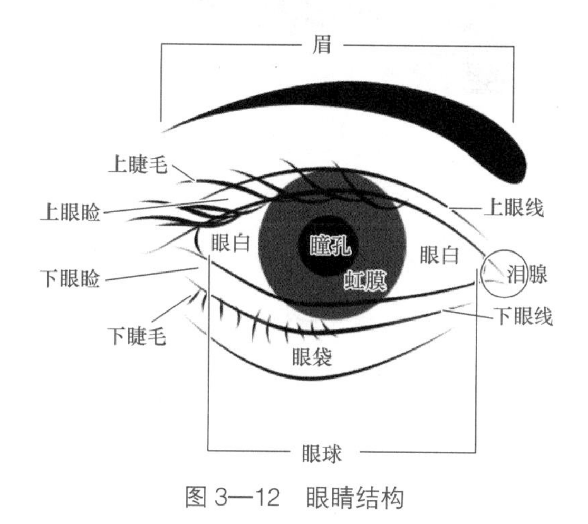

图 3—12　眼睛结构

2. 眼影的晕染

眼影晕染的目的是表现眼部结构，同时也能表现出整体化妆风格及韵味。

（1）眼影的运用。眼影是用于眼睑部位的颜色，主要有修饰眼形、强调眼部立体感的作用。眼影要结合眼部的结构，利用色彩的明暗关系来表现眼部的立体感和层次感。

（2）眼影的晕染位置。一般来说，应在眼周眼尾处涂眼显色或眼影色，在凹陷部位涂眼影色，在眼皮中央和眉弓骨则涂眼明色。下眼影在下睫毛的外侧开始向外晕染，上眼影在眼窝的上方开始向外晕染，在眼窝处留白，从而给整个眼睛周围留出一个空白。涂时要浓淡适中，切忌涂满；自然晕染，不着痕迹，以求表现眼周的自然立体感和眼皮的自然柔美。

（3）眼影的晕染方法。眼影晕染的方法有很多种，其中包括：平涂法、渐层法、后移法、前移法、结构法、假双画法、段式画法、二分之一画法、三分之一画法、三色晕染法，等等。

1）平涂法（见图 3—13）。运用一种颜色均匀地涂抹在上眼睑上，眼窝的边缘与眉骨达到自然过渡。注意做到有形无边。

图 3—13　平涂法

2）渐层法。分别为单色和多色渐层法。

①单色渐层法（见图 3—14）。选用一种颜色通过晕染达到深浅两种颜色的效果。或者选用同类色系，如浅蓝色打底，深蓝色强调睫毛根。

②多色渐层法。选用两种或两种以上的颜色，浅色打底，深色强调睫毛根。如，黄色打底，蓝色强调睫毛根。

3）后移法（见图 3—15）。上眼线在眼尾处向外拉长，不上翘。睫毛与眼

影的修饰都侧重外眼角的刻画。

图 3—14　单色渐层法

图 3—15　后移法

4）前移法（见图 3—16）。强调眼窝、鼻梁、眉骨的立体效果，眼影呈扇形从内眼角向外过渡。做前移时外眼角也要做适当的修饰，但不适合向外加长。

5）结构法（见图 3—17）。也叫倒钩法。先要观察眉眼间距，确定结构线的角度。眉眼间距宽，结构线的角度就大，反之则小。结构线本身向外晕染，结构线至睫毛根用咖色眼影晕染，眼球、眉骨提亮。

图 3—16　前移法

图 3—17　结构法

6）假双画法（见图 3—18）。也叫留白。适合单眼皮、眉眼间距宽的。根据眼形画出假双的线条，在假双线以下用白色或肉色涂抹，假双线以上采用其他眼影画法。

7）段式画法。色彩可以对比夸张，也可自然柔和。

8）二分之一画法（见图 3—19）。也叫左右晕染法。选用两种颜色，左右排列，注意过渡要自然。

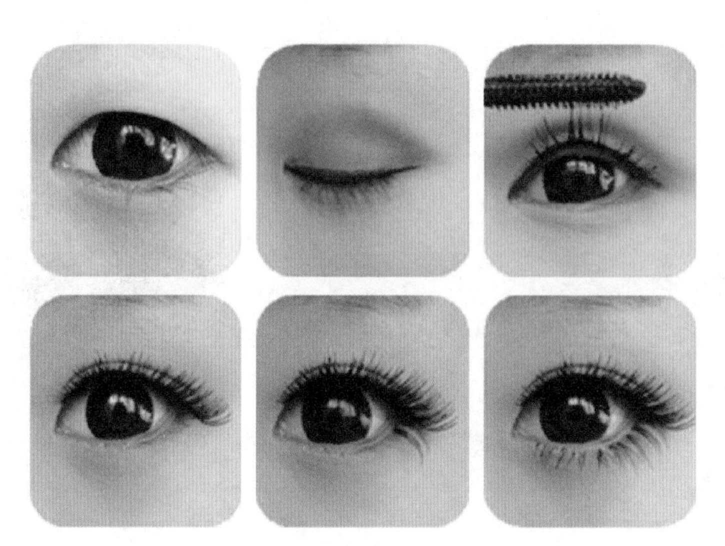

图 3—18　假双画法

9）三分之一画法。同二分之一画法相似，也是选用两色，只是两色色彩比例不是 1∶1，而是 1∶2 或 2∶1。

10）三色晕染法（见图 3—20）。选用三种颜色，眼球、内眼角、外眼角各用一色，注意过渡要自然。强调眼部立体感。

图 3—19　二分之一画法

图 3—20　三色晕染法

3. 眼线的描画

（1）眼线黄金法则。又称 10° 法则。在画眼线之前，一定要仔细检查眼角，看眼睛尾部是否能与下眼睑形成一个 10° 的角。如果夹角大于 10°，则画上眼角的眼线时要降低一点达到 10°，如果小于 10° 则向上挑一些。保持在 10° 的眼线是最完美的。

因“眼”制宜法则：眼线并不是一成不变的，不同的眼睛适合不同的眼线画法。

（2）画眼线

1）眼线液（见图 3—21）。首先要先摇晃眼线液的瓶身，使液体混合均匀。然后抽出眼线液的刷头，刮掉多余液体，让眼线刷毛粗细一致。

拿笔（刷）的食指和无名指贴住脸颊，这样可以防止手抖。另一手的食指扒住眼尾，向上提起，下巴抬高，眼睛向下瞄镜子。然后从距离眼角 1/3 的部位开始画眼线，以来回画的方式将眼线画均匀。

从眼尾向外，双眼皮的结束处，使眼线上扬。此时眼线和睫毛之间是有空隙的，看上去十分奇怪，要用眼线笔（刷）将缝隙填满，让眼线自然、美丽。

图 3—21　眼线液

2）眼线笔（见图 3—22）。握眼线笔的方法与握铅笔的方法是一样的，握得越靠前越好控制线条。之前先把笔头削成扁平状。轻拉眼皮（将镜子放在距身体 20 厘米处），眼睛向下看，用无名指把眼皮轻轻向上拉。

图 3—22　眼线笔

3）眼线的描画步骤（见图 3—23）。画外眼线的重点是要紧贴睫毛根部，不能留出空隙。可以用手指轻轻按住眼皮，从眼头开始分段描画，线要平滑流畅，虽然不用一步画完，但是一定要连接好。上眼线在眼尾处的眼线一定要延长，在视觉上可以有效地放大眼睛，拉长眼形后，脸也会相应变小。画法是手指抬起眼尾处的眼皮，在眼线末端、近眼角位置把眼线升高约 1 厘米，并将翘起部分加粗，画成三角形。注意画成三角形是重点，一定要把眼尾三角的区域都填补好，不能露出白色的眼肉。

内眼线是眼妆的第一步，描画内眼线时，首先用手将上眼皮轻轻地提起来，露出白色黏膜部分，然后用眼线笔蘸取眼线膏仔细填补睫毛根部的空隙，要全部填满，内黏膜也涂上黑色眼线膏。画好内眼线后，眼睛马上变得有神，眼神不会那么散。

以眼球外侧下方为起点开始描画下眼线，重点是下眼线的眼尾处，要画出一个平行的眼角，看上去就像本人的眼角一样，但让眼睛看起来变大了。眼线结束的地方要和上眼线连接起来，画成V形。

内眼角的描画是大家容易忽略的步骤，其实效果十分显著。我们通过高超的技巧，不用做开眼角手术就可以达到放大眼睛的目的。方法是将内眼角向外拉长2毫米，让内眼角呈现自然的尖三角形，并将上下两条眼线闭合，注意一定是平行的，就像本身那样自然。

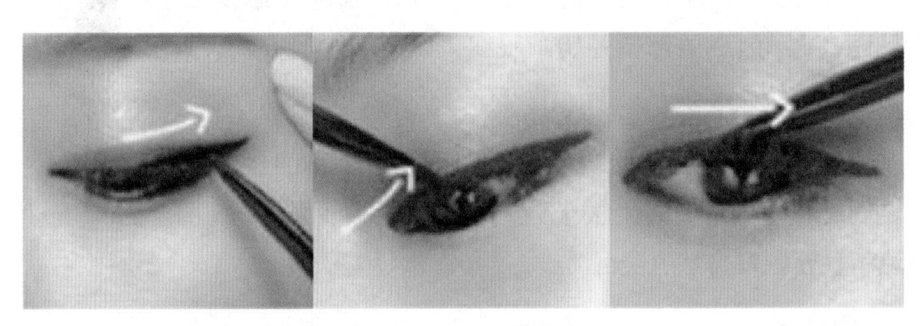

图3—23　眼线的描画

①从眼尾画。贴着睫毛根部，由眼尾向眼角分段描画，每一段保持在2毫米左右。

②反复描画。先用食指将眼角向鼻部方向拉，然后再从眼角描画至眼尾，使眼线看上去纤细。

③画下眼线。先用无名指轻拉下眼皮，然后再紧贴睫毛从眼尾到眼角描画下眼线。

④加强眼角。用眼线笔沿着睫毛根描画至眼角，制造出眼角处的眼线渐渐隐退的效果。

⑤使用棉棒。用手把棉棒头压扁，从眼角至眼尾将眼线推匀，使线条自然清晰。

⑥晕开眼线。与画眼线的方向相反，从眼角至眼尾晕开眼线，切忌用力过大。

4. 眼睫毛的修饰

眼睫毛是眼睛的第一道防线，长而浓密的睫毛对增加眼睛的神采也起到辅助作用，使眼睛充满魅力。

亚洲人的眼睫毛生长特点是较直硬短且向下，常常会掩盖眼睛的神采，可以通过夹卷睫毛、涂睫毛膏或粘贴假睫毛等方法对睫毛进行修饰。

（1）夹卷睫毛（见图 3—24）。避免损伤睫毛，前提是要保持睫毛干净。夹睫毛时，让化妆对象向下看，使睫毛夹与眼睑的弧线相吻合，分别在睫毛根部、中部、末梢夹紧 5 秒左右后松开，在不移动夹子的位置连续夹 1 ～ 2 次，使弧度固定。夹睫毛时动作要轻。

（2）涂睫毛膏（见图 3—25）。睫毛有上下之分，因此，涂睫毛膏也有上下之分。

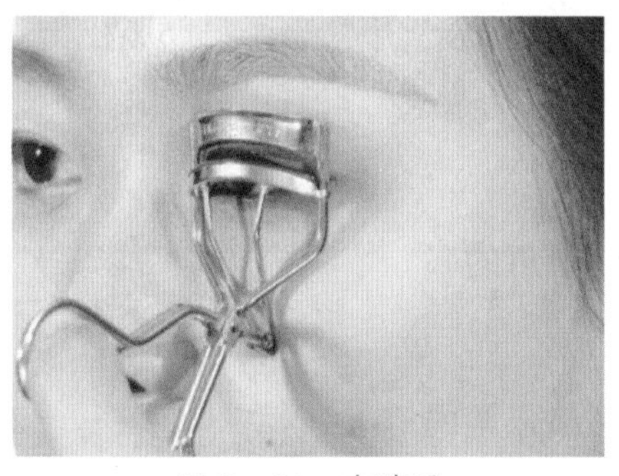

图 3—24　夹睫毛

图 3—25　涂睫毛膏

1）涂上睫毛（见图 3—26）。同夹睫毛一样，让化妆对象向下看，横拿睫毛刷，由睫毛根部向下向外转动。之后，让化妆对象眼睛平视，睫毛刷由睫毛根部向上向内转动。涂抹分眼中、眼头、眼尾三部分。

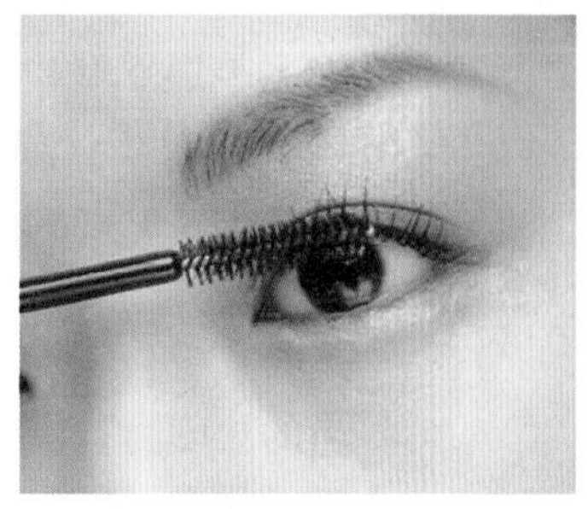

图 3—26　涂上睫毛

2）涂下睫毛（见图 3—27）。与涂上睫毛相反，化妆对象应向上看，睫毛刷竖着拿，用刷头横向左右拨动涂；横拿睫毛刷，由睫毛根部从内向外转动。

涂睫毛膏时手要稳，以免涂到皮肤上。为调整其长度和浓密度，可多次涂刷睫毛膏。

图 3—27　涂下睫毛

（3）粘贴假睫毛。在粘贴假睫毛之前，一定要先在假睫毛上涂抹胶水再进行粘贴。

1）涂抹胶水。在选好假睫毛后，根据化妆对象的睫毛宽度、长度和密度进行修剪。假睫毛应修剪成内眼角睫毛稀疏较短，外眼角浓密且较长，呈参差状。将粘贴假睫毛的专用胶水涂在修好的假睫毛根部，为便于粘贴，从其两端向中部弯曲，弧度与眼球的表面弧度相等。

2）粘贴。待假睫毛上的胶水稍干后，用镊子夹住假睫毛，让化妆对象眼睛向下看，将假睫毛紧贴在化妆对象自身睫毛根部的皮肤上，由中间向两侧按压；假睫毛粘贴牢固后，为使真假睫毛的弯度一致，可用睫毛夹将真假睫毛一起夹弯，然后涂抹睫毛膏，使之更自然。

5. 不同眼形的修饰技巧

（1）两眼之间距离近的。拉长外眼角的眼线，淡化内眼角的眼线。

（2）两眼之间距离远的。拉长突出强调内眼角的眼线，淡化外眼角的眼线。

四、鼻的修饰

鼻子是由鼻骨、鼻软骨和软组织构成。主要结构包括鼻根、鼻梁、鼻背、鼻翼、鼻孔、鼻尖等（见图 3—28）。

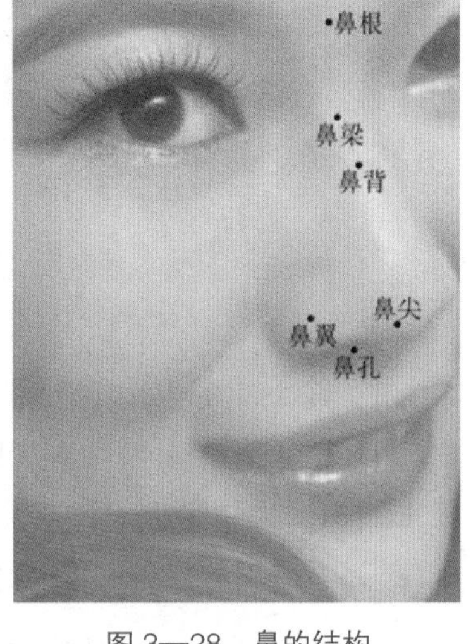

图 3—28　鼻的结构

1. 鼻形

鼻的长度为脸长度的 1/3，鼻的宽度为脸宽的 1/5，即“三庭五眼”（见图 3—29）。鼻根部位于两眉之间，鼻梁由鼻根向鼻尖隆起，鼻翼两侧在内眼角的垂直线上。

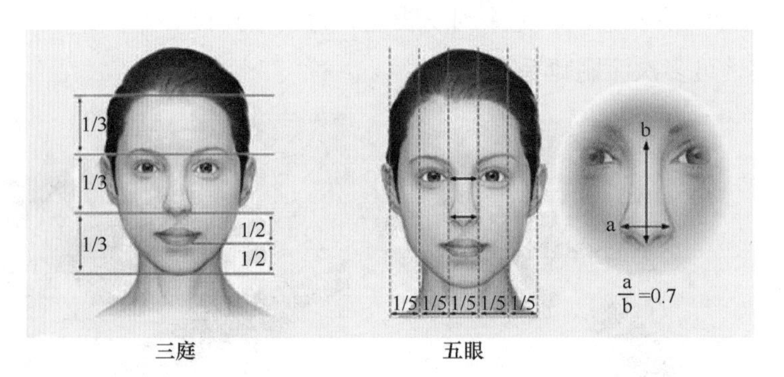

图 3—29　三庭五眼

2. 鼻的修饰方法

鼻子位于面部正中，是面部的最高点，同时鼻的凹凸曲线使之在面部凸出且醒目。可以通过阴影色和高光来进行修饰，阴影色涂于鼻子两侧称鼻侧影，高光色涂于鼻梁处，可以使鼻子更显挺拔。

（1）涂鼻侧翼。用手指或化妆棉蘸取少量阴影膏（用眼影刷蘸取少量阴影粉），从鼻根外侧开始沿鼻梁两侧向下涂，颜色逐渐变浅，直至鼻尖处消失。

（2）涂高光色。在鼻梁正面由鼻尖至鼻根部进行提亮。

3. 注意事项

（1）鼻侧影的晕染要符合面部的结构特点，还需注意色彩的变化，与眼影衔接。

（2）鼻侧影与面部粉底的相连处色彩要相互融合，不要显出两条明显的痕迹，并要左右对称。

（3）鼻梁上的高光色应符合生理结构，宽度适中。

五、面颊的修饰

脸形及面部轮廓的完美程度，直接决定和影响人们容貌的美丑。古人衡量容貌的重要标准之一就是面颊红润光泽的程度。面颊是流露人类真实情感的部位，情绪波动时，面颊会产生较明显的颜色变化。可通过上腮红对人的面部颜色进行改善，使面部显得有立体感。

1. 面颊及颊红的位置

（1）面颊的位置（见图 3—30）。面颊位于面部左右两侧，处于上颌骨与下颌骨的交会处，上至颧突眼眶下水平线，下到颌角，中间介于犬齿槽以外和外下颌角以内之间。

（2）颊红的位置（见图 3—31）。面颊一般用涂抹腮红的手段进行修饰，腮红涂抹的位置在颧骨上，笑时面颊能隆起的部位。向上不可高于外眼角的水平线，向下不可低于嘴角的水平线，向内不能超过眼睛的 1/2 垂直线。

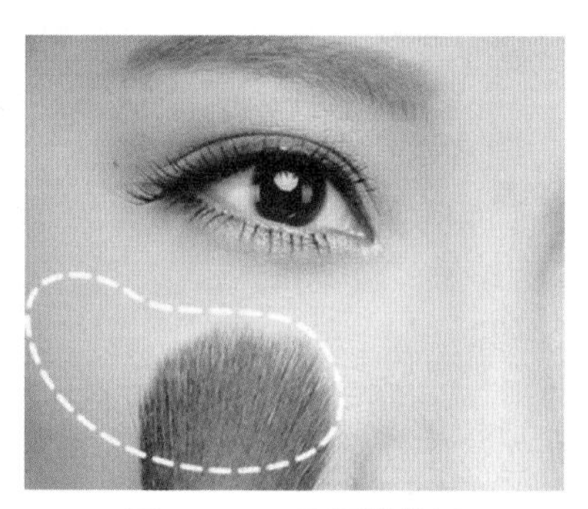

图 3—30　面颊的位置

图 3—31　颊红的位置

2. 腮红晕染的方法

腮红能够使面部皮肤看起来更加健康（见图 3—32）。应与眼影色、唇膏色、肤色相协调。

图 3—32　涂腮红

面颊是整个面部化妆涉及面积最大的部位，会直接关系到妆面效果。健康的面颊看上去应该白里透红，因此腮红的晕染要清淡、自然、柔和。

（1）取同色系中较深的腮红，从颧弓下陷处开始由发迹向内轮廓进行晕染。

（2）取同色系中较浅的腮红，在颧骨上与前面所进行的晕染衔接，由发迹向内轮廓进行晕染。刷腮红的整体形状是以颧骨为中心，不要超过鼻尖。

3. 注意事项

（1）腮红的晕染要体现面部的结构及三维效果。在外轮廓颧弓下陷处用色最重，到内轮廓时逐渐减弱并消失。

（2）晕染腮红时应用胭脂刷的侧面。

（3）腮红晕染要自然柔和，不可与肤色之间存在明显的边缘线。

相关链接

1. 不同脸形的腮红涂法（见图 3—33）

（1）标准脸形。适合标准腮红刷法或是刷成椭圆形。这里解释一下什么是标准腮红刷法，即腮红不超过眼中及鼻子下方，由颧骨向太阳穴处向外向上刷。

（2）长脸形。由颧骨至鼻翼向内打圈，刷在面颊较外侧，可向耳边刷，不要低于鼻尖，以横刷为宜。

（3）圆脸形。由鼻翼至颧骨向外打圈，靠近鼻侧，不要低于鼻尖，不要刷进发际，面颊应刷高些、长些，用长线条拉刷直到太阳穴。

（4）方脸形。由颧骨顶端向下斜刷，面颊的颜色应刷深些、高些或刷长。

（5）倒三角脸形。颧骨部位用深颜色腮红拉刷，颧骨下方用浅色腮红横刷，使脸部显得丰满。

（6）正三角脸形。面颊刷高些、长些，适合用斜刷法。

（7）菱形脸形。从耳际稍高处向颧骨方向斜刷，颧骨处的颜色应该深一些。

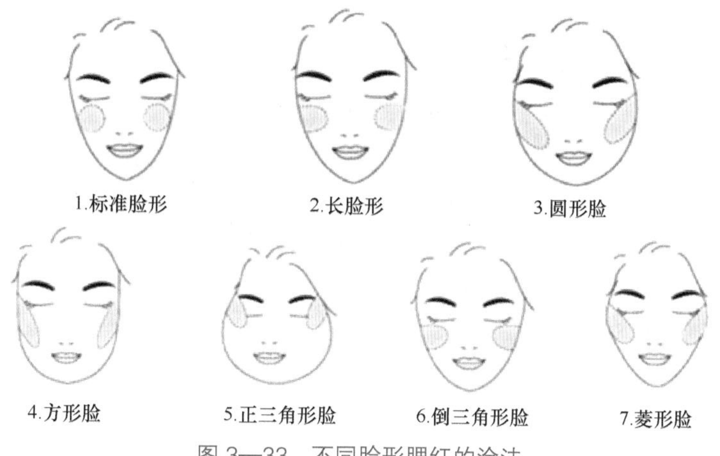

图3—33 不同脸形腮红的涂法

2.腮红与肤色的搭配

（1）皮肤颜色偏黑的人适合橘色系列腮红（见图3—34）。

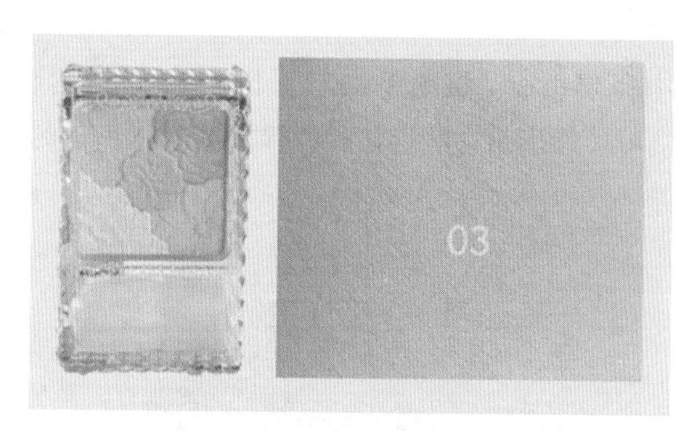

图3—34 橘色腮红

（2）皮肤颜色偏黄的人适合粉紫色腮红（见图3—35）。

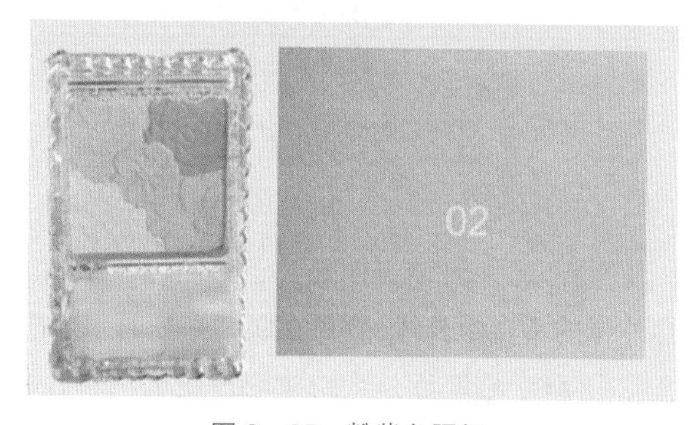

图3—35 粉紫色腮红

（3）皮肤颜色偏白的人适合任何色彩腮红，可选用粉橘色（见图 3—36）。

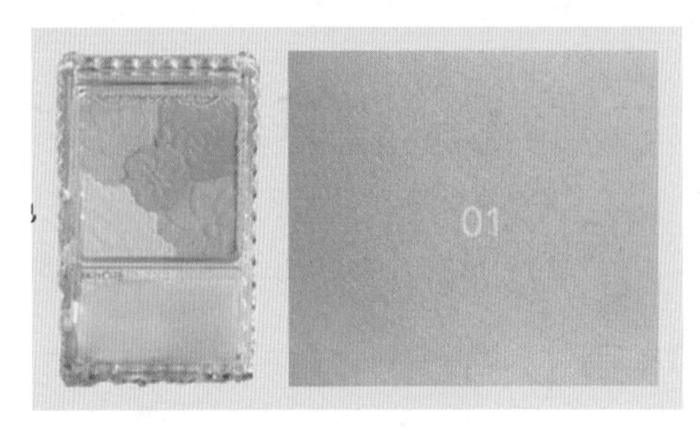

图 3—36　粉橘色腮红

六、唇的修饰

唇是面部最鲜艳且肌肉最活跃的部位，与面部表情有着密切关系，也是面部整体美感的重要组成部分。

1. 唇的结构

唇由上唇和下唇组成（见图 3—37）。上下唇之间称唇裂，上唇结节有两个凸起的部位称唇峰（唇形由它的形状和位置来决定），两唇峰之间的低谷称唇中，唇的两侧为唇角。

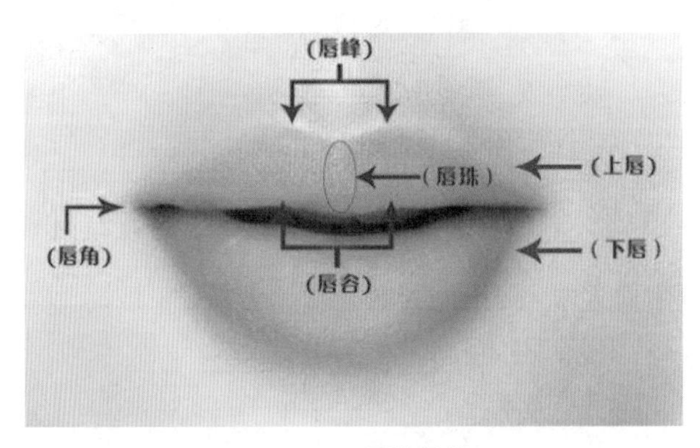

图 3—37　唇的结构

2. 唇形

轮廓清晰，唇峰凸起，唇结节明显，下唇略厚于上唇，唇角微翘，唇形圆润。唇峰在闭孔外缘的垂直延长线,唇角在眼睛平视时眼球内侧的垂直延长线上，下唇略厚于上唇，下唇中心厚度是上唇中心厚度的两倍，唇的轮廓清晰，嘴角微翘，整个唇形较富有立体感。

3. 修饰方法

唇部的修饰涉及唇形的设计、唇线的勾画、唇部用品的涂抹等。

（1）唇形的设计。根据化妆对象的自身条件设计出理想的唇形，之后找到上唇并确认唇峰的位置，在下唇确认与唇峰相应的两点。

（2）唇线的勾画。勾画唇线，连接确定好的各点。依原有唇形勾画出细而实的唇线，可以从嘴角处开始向唇中勾画，也可以从唇中向嘴角勾画。

（3）唇部用品的涂抹（见图 3—38）。涂抹唇部用品的方向与勾画唇线的方向一致，在唇线内的唇面上涂满唇膏。先从上嘴唇的两边嘴角向唇中涂，再从下嘴唇的两边嘴角向唇中涂，此时，双唇略张，可画出更完美的线条。

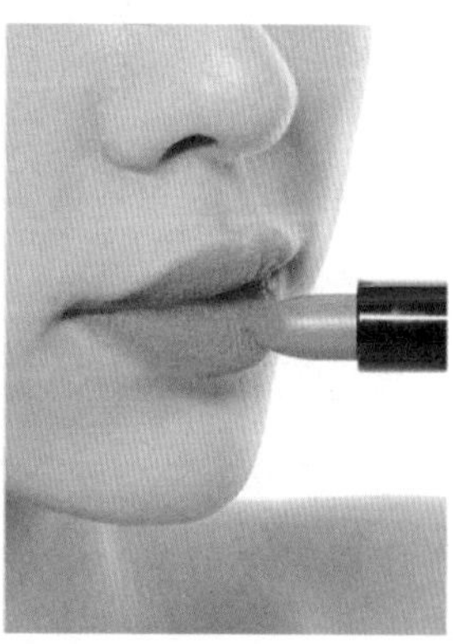

图 3—38　涂抹唇部用品

（4）注意事项

1）唇线的颜色与唇部用品色调一致，并略深于唇部用品色。

2）唇线的线条要流畅，左右对称。

3）在涂抹唇部用品的时候，颜色要求饱满，充分体现唇部的立体感。

4）涂唇膏之前一定要先把嘴唇洗干净，再涂上一层润唇膏或防裂膏，起到护唇防裂的作用，以更好上妆。用粉底或遮盖霜遮饰嘴唇轮廓。

4. 唇色与肤色搭配

（1）皮肤偏黑的适合橘红色系列。

（2）皮肤偏黄的适合粉紫色系列。

（3）皮肤偏白的适合任何色系。

5. 不同唇形的修饰技巧

（1）偏厚的唇。需要用粉底把唇的边缘盖一下，再画唇色（用亚光口红）。

（2）偏薄的唇。需要按比例把唇扩化，唇的颜色略重，适合于各种口红。

（3）下垂的唇。需要把下嘴唇用粉底盖一下，下唇中间的颜色略重，嘴角的颜色逐渐变浅（用亚光口红）。

（4）唇色偏深的唇。用粉底调整唇色，再涂润唇霜，口红颜色以肉色为主。

相关链接

化妆注意事项

要达到理想的化妆效果，在使用化妆品、化妆工具以及采用化妆技巧进行化妆时，应注意以下几点：

（1）首先应具备较高的审美观念和一定的艺术鉴赏能力，懂得人体美、和谐美的自然规律。

（2）眉毛不该过浓、过长（日常生活中，眉色应与发色一致，如染过特殊颜色及过于艳丽的发色时，发色以本身自然眉色为主）。

（3）遮瑕不该过重过浓（第一层粉底必须打透，皱纹过多的部位不宜打太厚的粉底）。

（4）注重色彩协调。要了解色彩配色的原理及色彩的意义，只有正确地运用色彩进行渲染、描画，才能保证妆面和谐自然。

（5）高光及暗影不宜过于强调（高光提亮、暗影修容都要柔和自然，不要过于突出和明显）。

（6）鼻侧影不应过重。鼻侧影、高光区和自然肤色区域过渡要柔和，不要过于生硬，强调人物柔美的效果及自然的轮廓。

（7）眼线不宜过粗。一般情况下，眼线只要能体现人物眼神魅力即可，不宜过粗过长，常用黑色及棕色。

（8）唇线不该过于强调。唇部的轮廓以自然线条为主，但唇线要整齐均匀。

（9）清除残留粉迹。涂粉后及时清除头发、眉毛、睫毛和衣领上遗留的粉迹，避免给人一种仪表不整洁的印象。

（10）手法均匀细腻。妆面渲染均匀细腻，不留明显的化妆痕迹，显示自然的美感。

（11）避免补缀化妆。补缀化妆毫无清新洁美之感，应尽量避免，以免使妆面失去应有的光泽。

（12）切忌待妆太久。有的化妆品虽有美颜作用，但在脸上停留时间过长会堵塞皮肤毛孔，应及时卸妆，不可待妆睡觉。

（13）注重整体格调。妆面的整体效果要与年龄、气质、身份、服装、发型，以及时间、场合、季单元等协调统一，达到整体格调上的和谐一致，充分体现出美感。

第4节 发式梳理

一、常规发式的梳理

1. 发量不同的梳理

（1）发量多的梳理。发量多的人，容易显得头部比例较大，也容易显得头发过于蓬松，所以在选择发型时应该选择梳理紧密的式样，尽量避免披散的发型。在发型梳理技巧上应该有适当的力度，才能使过于蓬松的头发收紧。

（2）发量少的梳理。发量少的人，不宜做太短的发型，否则可以直接看到头皮，显得发量更少。最好是留成中长发，如果留得太长，到发尾末端几乎没有什么发量，看起来则会不美观。所以，在梳理时应尽量使头发蓬松、丰满，以增强视觉效果。

2. 直发和卷发的梳理

（1）直发的梳理。直发梳理时，要尽量保持其垂性特点，同时要注意顺着发根至发梢的方向轻轻梳通，避免伤害到头发的毛鳞片，因为破坏了毛鳞片就会直接影响到直发的光泽度。而一款直发的美丽标准应该是柔而顺、直而亮、有光泽。

（2）卷发的梳理。卷发是指具有自然卷、烫卷和恤卷等弯曲效果的头发。对卷发的梳理应注意避免和头发的摩擦太大，要根据头发的不同卷度和特点，表现出自然、凌乱、浪漫的气息。选择梳子时，应考虑使用梳齿之间距离较大的大齿梳或宽齿梳，避免密齿梳梳理时使用较大力度而伤害发质。

3. 长中短发的梳理

（1）长直发的梳理。长直发的发量较多，梳理时应与发量多的人做同样处理，只是在发尾处将梳子略微向下扣，以免发尾向上翘。长直发可采用盘发的方法

来造型。盘发梳理时主要运用一些发花和发夹，现在市面上有很多发饰适合盘发使用。一般方法是将头发梳理好后，把多余的头发束起来装进发花中，然后反手将头发固定好。化妆师所掌握的盘发式样更多，一般根据顾客的年龄、喜好、气质等不同特点来进行选择。

（2）长碎发的梳理。长碎发的发量较少，梳理时应与发量少的人做同样处理，也可部分造型或者将全部头发集中梳理在头顶造型。要注意发型的蓬松感和立体感，也可以在头发层次需要加强的地方打上保湿水来增强头发的层次感。碎发的两侧也是造型的重点，可以向脸部内侧梳理成羽毛状来修饰脸形。

（3）中长发的梳理。中长发无论是长度或发量都容易梳理造型，最适合常规发型的梳理。可以做翻翘，或者烫后做一些时尚的造型。

（4）短发的梳理。短发因长度不足，发量也有所限制，故在梳理时要尽量使头发显得蓬松、自然，也可采用恤发的卷筒造型和波纹夹、卷发钳的波纹造型。在现代短发造型中，绝大部分还是用手指进行造型，就是用手来代替梳子，然后抓出想要的发型。这样做出来的发型自然、时尚，具有个性化。

二、常规发型的梳理

1. 发结

发结是一种束发的方法，是用发夹、橡皮圈将发束根部固定，或直接用发带固定来改变某一部分头发的自然垂直状态，对发式起着衬托和装饰作用，使其形成更多的发式变化。

发结的不同位置、直卷程度表现的风格有很大差异，与人的身高、脸形、体形等对表现不同年龄女性的性格有着直接关系。

发结的位置，可以在头顶、脑后、后颈部、两侧等，可根据不同的要求及发结造型需要来定。发结的尾部头发刚好盖住后颈发际线的发结，漂亮又时尚。长度若超过发际线，则给人轻松休闲感。

（1）侧扎结。分为单侧扎结和双侧扎结。

1）单侧扎结（见图 3—39）。先把头发梳顺，在头顶部挑起一道二八分或三七分的头缝，小边的头发向侧面横梳，大边的头发斜着向后梳，额前刘海应预先挑出梳好。用梳子自顶部挑起一束呈片形的头发梳齐。用发带在头发上打结，结的位置应在大边的耳郭上端，也可用花式发夹代替发带束住头发。

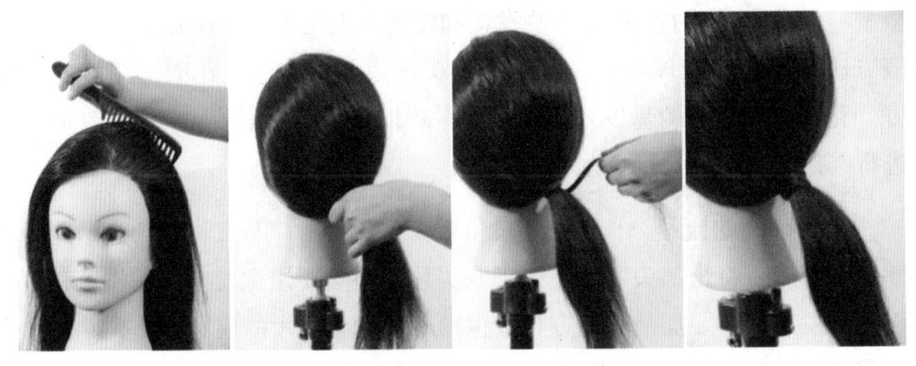

图 3—39　单侧扎结

这种扎结适用于直发类平直式短发，梳成后的式样活泼。如结的位置低，则显文静。

2）双侧扎结（见图 3—40）。两侧扎结与一边扎结方法基本相同，只是中间对分头路，左右两侧耳郭以上各扎个对称的结，除短发外，卷发类中长发和发辫中的双辫、短辫也都适于此法。这种扎结使人显天真、活泼。

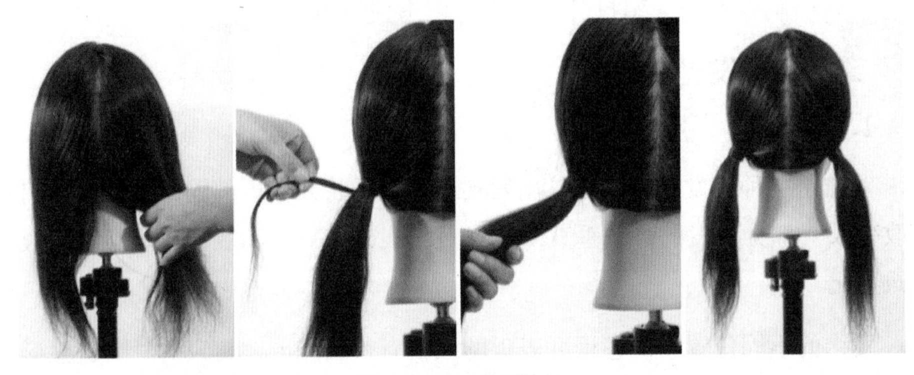

图 3—40　双侧扎结

（2）脑后扎结（见图 3—41）。头发全部向后梳拢，将左手的拇指和食指张开成八字形，沿颈脖伸入发梢内，将发梢全部纳入两指。随后将手指自发际线向上托至枕骨位置上，右手拿梳子在两侧及顶部梳理，用发带将全部头发扎成一束，卷曲的发梢从枕骨向下自然垂荡。

2. 发髻

发髻是盘发类的发式。发髻的形状丰富多变，发髻内还可衬以假发。只要是有一定长度的头发均可盘发髻。

（1）直发盘发髻（见图 3—42）。先将头发自顶部及两侧向后梳拢，刘海部分头发预先挑出。用橡皮圈把顶部梳齐的头发与垂在后面的头发沿发际线根部

束扎在一起，绞拧成股，围住根部束扎的地方。盘成各式发型，用发夹固定发梢藏里面，也可留些发梢在外点缀。

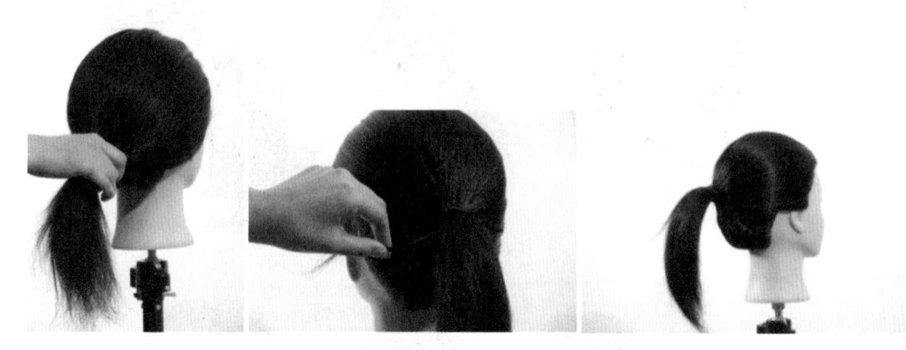

图 3—41　脑后扎结

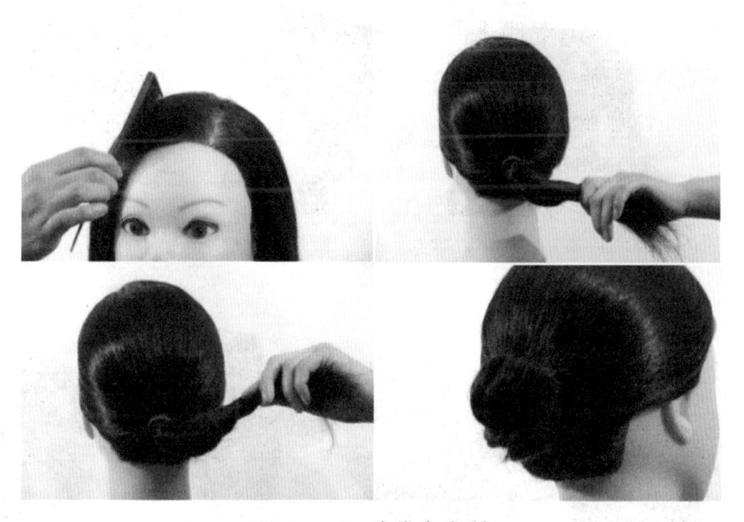

图 3—42　直发盘发髻

（2）卷发盘发髻（见图 3—43）。梳理时，先将额前头发挑出，按式样梳好，顶部及两侧梳出需要的花纹。然后在枕骨位置上把后颈头发并拢，用橡皮圈或头绳扎紧。这时筒圈就集中在一起。再用手或梳子将其挑开，必要时也可把一只筒圈分为几段，使其排列成圆形，发梢仍向圆心方向卷。把外缘的头发丝纹理顺，即为圆筒髻，也可按前法把头发扎紧后，再将筒圈拆散，分成几股从四周向中间梳成有起伏的波浪形发髻、花瓣形发髻和有优美线条图案的发髻，或其他不规则的形状等。

3. 发辫

发辫（见图 3—44）是束发类的发式，具有我国民族传统风格，按传统常用的是三股辫，位置一般在耳后两侧和脑后。现在发辫的变化很多，而且梳辫的位置也可随意定位。

图 3—43　卷发盘发髻

图 3—44　发辫

第 5 节

五官矫正

矫正化妆存在于一切化妆造型中，矫正化妆有广义和狭义之分。

广义的矫正化妆是指通过发型、服装颜色及款式、服饰及化妆等手段对人物进行总体的调整，赋予人物生命力，起到美化形象的作用。狭义的矫正化妆是指在了解人物特点及五官比例的基础上，利用线条及色彩明暗层次的变化，在面部不同的部位制造视错觉，使面部优势得以发扬和展现，缺陷和不足得以改善，这是化妆师所掌握的最基本的技能。

一、脸形的矫正

人的面部是由许多块不规则的骨骼构成，各骨骼又附着不同厚度的肌肉、脂肪和皮肤，因此形成了角度转折、弧面转折、凹凸转折等复杂的体面关系。由于每个人的面部骨骼大小不一、脂肪薄厚不同，形成了千差万别的个体相貌，每个人都有自己的特点。

在矫正化妆中，化妆师要在掌握标准五官比例的基础上找“平衡”。所谓的“平衡”有两个含义，一方面是指面部五官要左右对称。当我们仔细观察每个人的面部时会发现人们的五官都存在着微小的差异，如眉毛高低不一、眼睛大小不一等。另一方面是指在具体刻画某一个局部时，化妆师在掌握五官标准比例的基础上，上下找平衡。如具体到眼形的矫正时，根据眼形的上挑或下斜程度做调整。

1. 脸形的比例

五官的比例一般以“三庭五眼”为标准（见图 3—45），它是人的脸长与脸宽的一般标准比例。这个比例为 4 ∶ 3。“三庭”指脸的长度比例，把脸的长度分为三个等份，故称“三庭”。“上庭”是指前额发际线至眉骨，“中庭”是从眉骨到鼻底，“下庭”是从鼻底到下颏。它们各占脸部长度的 1/3。所谓“五眼”，指人眼水平线上的面部宽度比例，是以眼睛长度为标准，把面部的宽分为五个等份。两眼的内眼角之间的距离应是一只眼睛的长度，两眼的外眼角延伸至同侧发际线各为一只眼睛的长度。

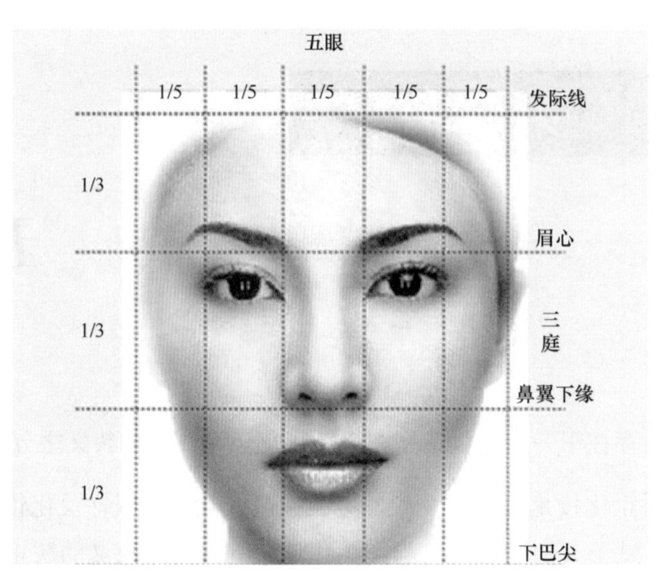

图 3—45　三庭五眼

首先，我们在面部正中作一条垂直的通过额部—鼻尖—人中—下巴的轴线。通过眉弓作一条水平线，通过鼻翼下缘作一条平行线。这样，两条平行线就将面部分成三个等份:从发际线到眉间连线，眉间到鼻翼下缘，鼻翼下缘到下巴尖。上中下恰好各占 1/3，谓之“三庭”。而“五眼”是指眼角外侧到同侧发际边缘，刚好一个眼睛的长度，两个眼睛之间也是一个眼睛的长度，另一侧到发际边是一个眼睛长度。这就是“五眼”，是最基本的标准。

我们再看，在垂直轴上，一定要有“四高三低”“四高”，第一是额部，第二个最高点是鼻尖，第三高是唇珠，第四高是下巴尖。“三低”分别是：两个眼睛之间、鼻额交界处必须是凹陷的；在唇珠的上方，人中沟是凹陷的（美女的人中沟都很深，人中脊明显）；下唇的下方，有一个小小的凹陷。共三个凹陷。

面部的凹面包括眼窝即眼球与眉骨之间的凹面、眼球与鼻梁之间的凹面、鼻梁两侧、颧弓下陷、颏沟和人中沟。

面部的凸面包括额、眉骨、鼻梁、颧骨、下颏和下颌骨。

由于人们的骨骼大小不同、脂肪薄厚不同及肌肉质感的差异，使人们的面部形成了千差万别的个体特征。面部的凹凸层次主要取决于面、颅骨和皮肤的脂肪层。当骨骼小、转折角度大、脂肪层厚时，凹凸结构就不明显，层次也不很分明。当骨骼大、转折角度小、脂肪层薄时，凹凸结构明显，层次分明。凹凸结构过于明显时，则显得棱角分明，缺少女性的柔和感。凹凸结构不明显时，则显得不够生动甚至有肿胀感。因此，化妆时要用色彩的明暗来调整面部的凹

凸层次。

现如今，在“三庭五眼”的基础上出现了一个更为精确的标准，各个部位皆符合此标准，即为美人。具体如下：眼睛的宽度应为同一水平脸部宽度的 3/10，下巴长度应为脸长的 1/5，眼球中心到眉毛底部的距离应为脸长的 1/10，眼球应为脸长的 1/15，鼻子的表面积要小于脸部总面积的 1/20，理想嘴巴宽度应为同一脸部宽度的 1/2。其实，好看不好看，一看便知道，谁都不可能拿着尺子去测量。

脸形的修正主要通过粉底、腮红和对眉、眼睛和唇等的特别修饰，以改变脸形的不足。下面针对几种有典型意义的脸形的特征及修饰技巧作详细介绍。

2. 脸形的种类及修正技巧

（1）圆脸形。面形圆润丰满，额骨、颧骨、下颏及下颌骨转折缓慢，脸的长度与宽度的比例小于 4：3。圆脸形给人的感觉是年轻而有朝气，但容易显得稚气，缺乏成熟的魅力。

修正方法（见图 3—46）如下：

1）底妆的修饰。用比自己肤色亮一号的粉底全脸打底，再用比自己肤色深两个色号的粉底液均匀涂于两腮。再用高光在 T 区、下眼睑外侧与外眼角上侧分别提亮。

2）眉毛的修饰。眉毛适宜画得微挑，修整时把眉头压低，眉梢挑起，这样的眉形使脸形显长。

3）眼睛的修饰。靠近内眼角的眼影色应重点强调，靠近外眼角的眼影应向上描画，不宜向外延伸，否则会增加脸的宽度，使脸显得更圆。

4）鼻子的修饰。突出鼻侧影的修饰，使鼻子挺括，以减弱圆脸形的宽度感。

5）腮红的修饰。斜向上方涂抹，与两腮的影色衔接，过渡要自然。

（2）方脸形。方脸形的人脸形线条较直，前额和下颌骨宽而方，角度转折明显，脸的长度和宽度相近。给人的印象是稳重、坚强，但缺少女性温柔的气质。

修正方法（见图 3—47）如下：

1）底妆的修饰。全脸用浅于肤色一个色号的粉底液打底，将深于肤色两个号的粉底液涂于两腮和额头两侧，在眼睛的外侧下方涂亮色。

2）腮红的修饰。在颧骨处呈三角形晕染，腮红的位置略靠上。

3）其他部位的修饰与圆脸形相同。

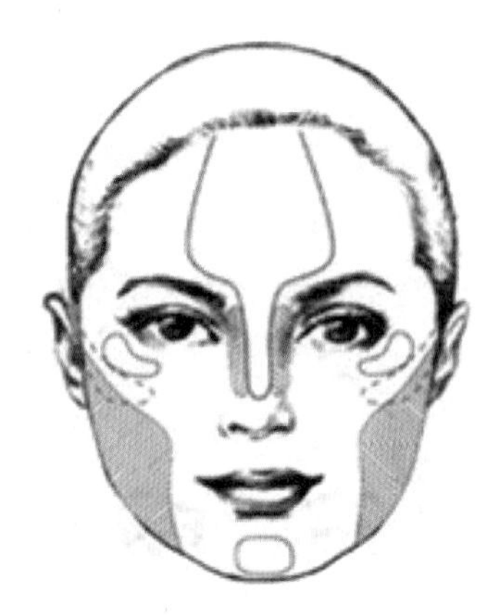

图 3—46　圆脸形修正

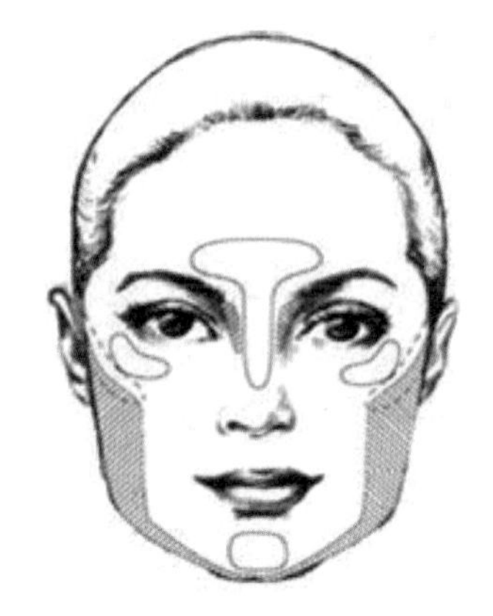

图 3—47　方脸形修正

（3）长脸形。两颊消瘦，面部肌肉不够丰满，三庭过长，大于 4∶3 的比例。纵向感突出，给人抑郁生硬的感觉，面部缺乏柔和感。

修正方法（见图 3—48）如下：

1）底妆的修饰。在前额发际线处和下颏部涂影色，削弱脸的长度感。

2）眉毛的修饰。适合画平直的眉，眉尾可略长，这样可加强面部的宽度感。

3）眼睛的修饰。眼影要涂得横长，着重在外眼角用色并向外延伸，这样使脸显得短一些。

4）鼻子的修饰。鼻侧影要尽量浅淡或不画。

5）腮红的修饰。在颧骨略向下的位置作横向晕染。

（4）正三角脸形。脸部上窄下宽，因此又称“梨形脸”，额的两侧过窄，下颌骨宽大，脸的下半部宽大。给人以安定感，显得富态、威严，但不生动。

修正方法（见图 3—49）如下：

1）底妆的修饰。用影色涂两腮，亮色涂额中部和鼻梁上半部及外眼角上下部位。

2）眉毛的修饰。适合平直的眉形，眉应长些。

3）眼睛的修饰。眼影的涂抹方法与圆脸形和方脸形相同。

4）腮红的修饰。在颧骨外侧纵向晕染。

（5）倒三角脸形。倒三角脸形就是比人们常说的“瓜子脸”或“心形脸”还要瘦削的脸形，它的特点是前额较宽，下颌过于窄，脸部轮廓较清爽脱俗，给人以俏丽、秀气的印象，但显得病态、单薄、柔弱。

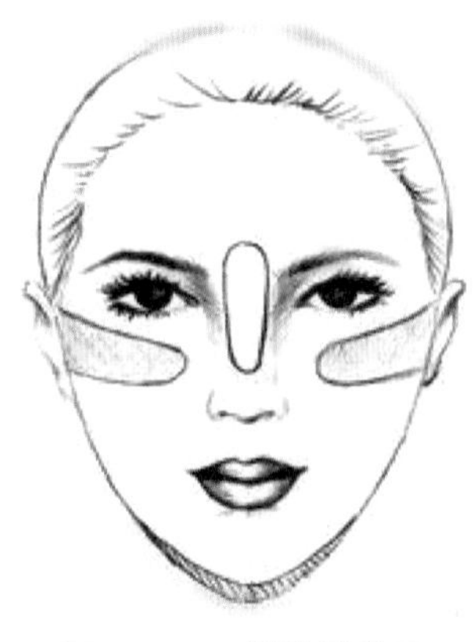

图 3—48　长脸形修正

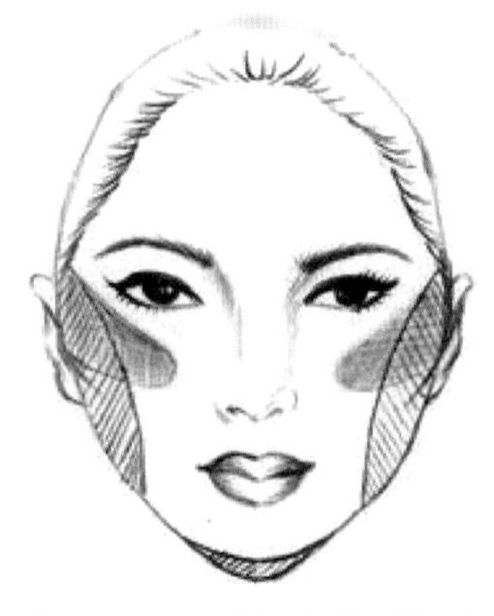

图 3—49　正三角脸形修正

修正方法如下：

1）底妆的修饰。在前额两侧和下颏涂影色，在下颌骨部位涂浅亮色。

2）眉毛的修饰。适合弯眉，眉头略重。

3）眼睛的修饰。眼影的描画重点在内眼角处。

4）腮红的修饰。在外眼角水平线和鼻底线之间，横向晕染。

（6）菱形脸形。上额角过窄，颧骨凸出，下颏过尖。面部单薄而不丰润。菱形脸形的人显得机敏、精明、但容易给人留下冷淡、清高的印象。

修正方法（见图 3—50）如下：

1）底妆的修饰。底妆的修饰在颧骨旁和下颏处涂影色，在上额角和两腮涂亮色。

2）眉毛的修饰。适合平直的眉毛。

3）眼睛的修饰。眼影色向外眼角外侧延伸，色调柔和。

4）腮红的修饰。比面颊两侧的影色略高，并与影色部分重合。

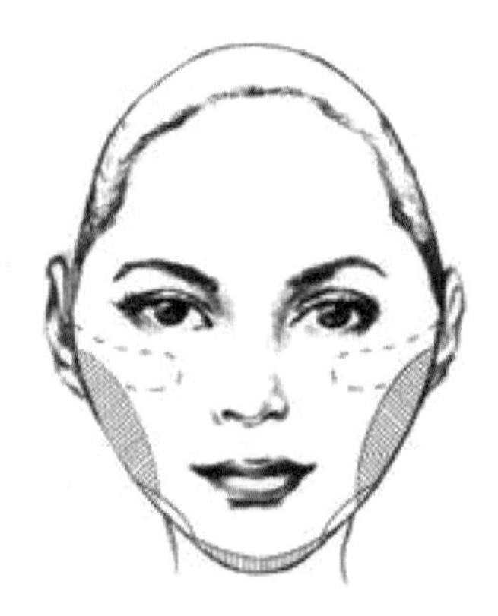

图 3—50　菱形脸形修正

二、眉的矫正

1. 向心眉

两条眉毛向鼻根处靠拢，其间距小于一只眼的长度。向心眉使五官显得紧凑不舒展。

修正方法：先将眉头处多余的眉毛除掉，加大两眉间的距离，再用眉笔描画，将眉峰的位置略向后移，眉尾适当加长。

2. 离心眉

两眉头间距过远，大于一只眼睛的长度。离心眉使五官显得分散，容易给人留下不太聪明的印象。

修正方法：在原眉头前画出一个“人工”眉头，描画时要格外小心，否则会显得生硬不自然。要点是将眉峰略向前移，眉梢不要拉长。

3. 过于上扬的眉形

眉头低，眉梢上扬。挑眉使人显得有精神，但过于挑起的眉则显得不够和蔼可亲。

修正方法：将眉头的下方和眉梢上方的眉毛除去。描画时，也要侧重于眉头上方和眉梢下方的描画，这样可以使眉头和眉尾基本在同一水平线上。

4. 下垂眉

眉尾低于眉毛的水平线。下垂眉使人显得亲切，但过于下垂的眉会使面容显得忧郁愁苦。

修正方法：去除眉头上面和眉梢下面的眉毛。在眉头下面和眉尾上面的部分要适当补画，使眉头和眉尾在同一水平线上或眉尾高于眉头。

5. 短粗眉

眉形短而粗。这样的眉形显得不够生动，有些男性化。

修正方法：根据标准的眉形将多余的部分修掉，然后用眉笔补画出缺少的部分。

6. 眉形散乱

眉毛生长杂乱，缺乏轮廓感及立体的外部形态，面部五官不够清晰、干净，显得过于随便。

修正方法：先按标准的眉形将多余的眉毛去掉，在眉毛杂乱的部位涂少量的专用胶水，然后用眉梳梳顺，再用眉笔加重眉毛的色调。

7. 眉形残缺

由于疤痕或眉毛本身的生长不完整使眉毛的某一段有残缺现象。

修正方法：先用眉笔在残缺处淡淡描画，再对整条眉进行描画。

三、眼形的矫正

眼形的修正主要通过眼线和眼影来实现。通过描画粗细不同、离睫毛根远近不同的眼线，来改变眼睛的大小及眼角的上挑和下斜，利用眼影的深浅和描画位置的变化来弥补眼形的缺陷，还可以通过粘贴假睫毛和美目胶带修正眼形。

1. 两眼距离较近

两眼间小于一只眼的长度，使得面部五官看似较为集中，给人以严肃、紧张甚至不和善的印象。

修正方法（见图 3—51）如下：

（1）眼影。靠近内眼角的眼影用色要浅淡，要突出外眼角眼影的描画，并将眼影向外拉长。

（2）眼线。上眼线的眼尾部分要加粗加长，靠近内眼角部分的眼线要细浅；下眼线的内眼角部分不描画。只画整条眼线的 1/2 或 1/3 长，靠近外眼角部分加粗加长。

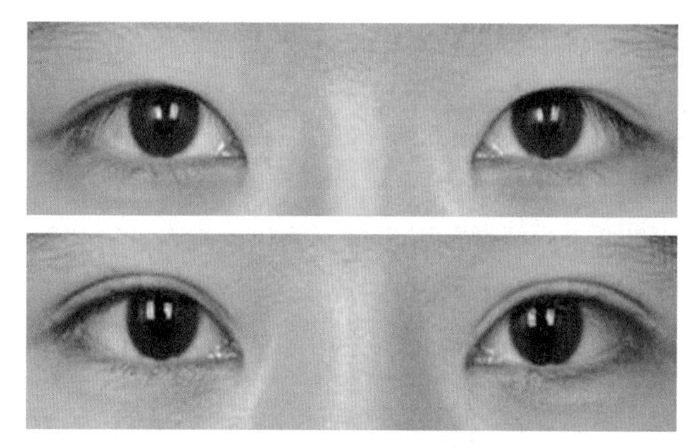

图 3—51　两眼距离较近修正

2. 两眼间距较远

两眼间距宽于一只眼的长度，使五官显得分散，面容显得无精打采，松懈迟钝。

修正方法（见图 3—52）如下：

（1）眼影。靠近内眼角的眼影是描画的重点，要突出一些，外眼角的眼影要浅淡些，并且不能向外延伸。

（2）眼线。上下眼线的内眼角处都略粗一些，外眼角处相对细浅一些，不宜向外延伸。

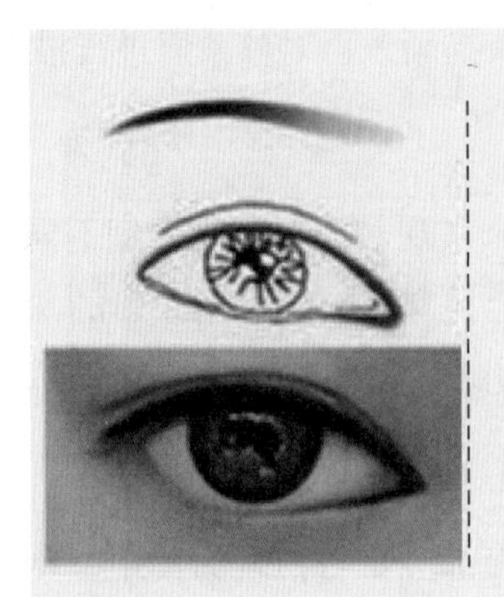

图 3—52　两眼距离较远修正

3. 上斜眼（吊眼、丹凤眼）

外眼角明显高于内眼角，眼形呈上升状。目光显得机敏、锐利，使人产生严厉、冷漠的印象。

修正方法如下：

（1）眼影。内眼角上侧和外眼角下侧的眼影应突出一些。

（2）眼线。描画上眼线时，内眼角略粗，外眼角略细。下眼线的内眼角处要细浅，外眼角处要粗重，并且眼尾处下眼线不与睫毛重合，而在睫毛根的下侧。

4. 下垂眼

外眼角明显低于内眼角，眼形呈下垂状。使人显得和善、平静，如果下垂明显，使人显得呆板、无神和衰老。

修正方法如下：

（1）眼影。内眼角的眼影颜色要暗，面积要小，位置要低；外眼角的眼影色彩要突出，并向上晕染。

（2）眼线。上眼线的内眼角处要细浅些，外眼角处要宽，眼尾部的眼线要在睫毛的上侧画。下眼线内眼角略粗，外眼角略细。

5. 细长眼

眼睛细长会有眯眼的感觉，使整个面部缺乏神采。

修正方法（见图 3—53）如下：

（1）眼影。上眼睑的眼影与睫毛根之间有一些空隙，下眼睑眼影从睫毛根

下侧向下晕染宽些。眼影宜选用偏暖色。

（2）眼线。上下眼线的中间部位略宽，两侧眼角画细些，不宜向外延长。

图 3—53　细长眼修正

6. 圆眼睛

内眼角与外眼角的间距小，使人显得机灵。

修正方法（见图 3—54）如下：

（1）眼影。上眼睑的内、外眼角的色彩要突出，并向外晕染。上眼睑中部不宜使用亮色。下眼睑的外眼角处的眼影用色要突出，并向外晕染。

（2）眼线。上眼线的内、外眼角处略粗，中部平而细。下眼线只画 1/2 长，靠近内眼角不画，外眼角处眼线略粗。

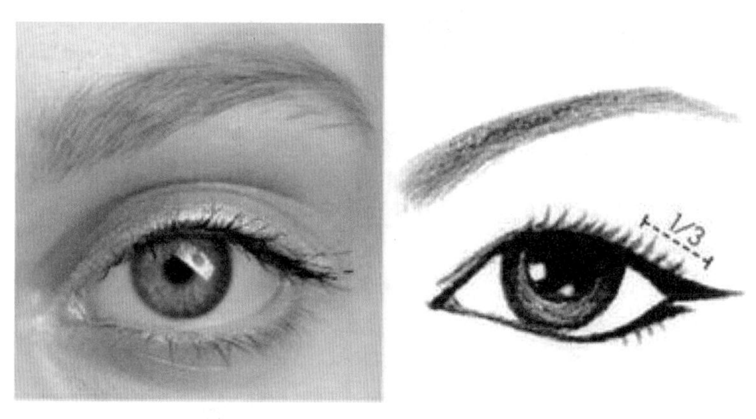

图 3—54　圆眼睛修正

7. 小眼睛

眼裂较窄，使人显得不宽厚。

修正方法如下：

（1）眼影。多用单色眼影进行修饰。眼影的颜色一般使用具有收敛性的棕色、灰色、褐色、土黄色等，由睫毛根部向上方晕染并逐渐消失。

（2）眼线。外眼角处的上、下眼线略粗并呈水平状向外延伸。

8. 肿眼睛

上眼皮的脂肪层较厚或眼皮内含水分较多，使人显得松懈没精神。

修正方法如下：

（1）眼影。颜色不宜选用粉色系，适合用暗色，从睫毛根部向上晕染并逐渐淡化。靠近外眼角的眼眶上涂半圈亮色使眼周的骨骼突出，从而削弱上眼皮的厚重感。

（2）眼线。上眼线的内外眼角处略宽，眼尾略上扬，眼睛中部的眼线细而直，尽量减少弧度。下眼线的眼尾略粗，内眼角略细。

9. 眼袋较重

下眼睑下垂，脂肪堆积，使人显得苍老，缺少生气。

修正方法（见图 3—55）如下：

（1）眼影。眼影色宜柔和浅淡，不宜过分强调，一般选用咖啡色和米色。

（2）眼线。上眼线的内眼角处略细，眼尾略宽。下眼线要浅淡或不画。

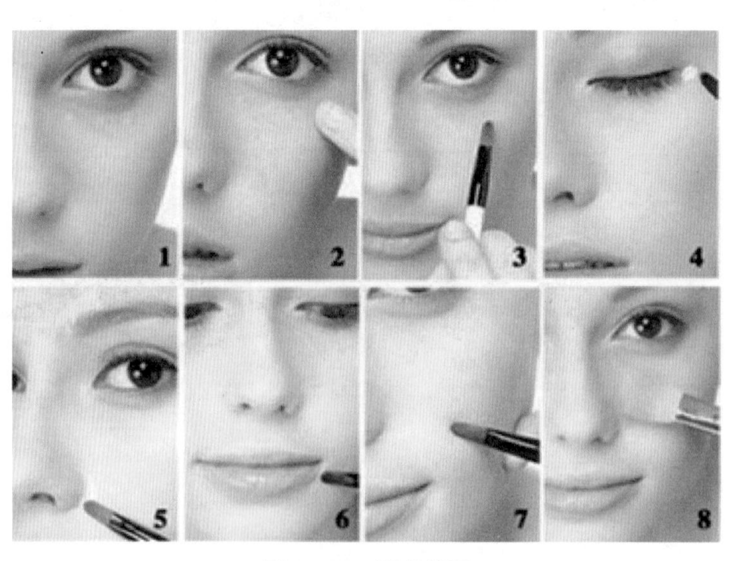

图 3—55　眼袋修正

四、鼻形的矫正

主要通过鼻侧影和亮色的涂抹来实现。对于不同的鼻形，鼻侧影和亮色的使用也有所不同。

1. 塌鼻梁

修正方法：鼻侧影上端与眉毛衔接，在眼窝处颜色较深，向下逐渐淡画。在鼻梁上较凹陷的部位及鼻尖处涂亮色，但面积不宜过大。

2. 鼻子较短

修正方法：鼻侧影上端与眉毛衔接，下端直到鼻尖。鼻侧影的面积应略宽。亮色从鼻根处一直涂抹到鼻尖处，要细而长。

3. 鼻子较长

修正方法：鼻侧影从内眼角旁的鼻梁两侧开始，到鼻翼的上方结束，鼻尖涂影色。鼻梁上的亮色要宽一些，但不要整个鼻梁上涂抹，只需涂抹鼻中部。

4. 鹰钩鼻

修正方法：鼻侧影从内眼角旁的鼻梁两侧开始到鼻中部结束，鼻尖部涂影色。鼻根部及鼻尖上侧涂亮色，鼻中部凸起处不涂亮色。

5. 宽鼻

修正方法：鼻侧影涂抹的位置与短鼻相同。鼻尖部涂亮色，用明暗色对比加强鼻尖和鼻翼之间的反差，使鼻子显窄。

6. 鼻梁不正

修正方法：歪向哪一侧，哪一侧的鼻侧影就要略浅于另一侧。亮色在脸部的中心线上。

五、唇形的矫正

唇形矫正前，应先用与基色相近且遮盖力较强的粉底将原唇的轮廓进行遮盖，然后用密粉固定，再进行修饰，以使矫正后的唇形效果自然。

1. 唇形过厚

修正方法：保持唇部原有的长度，再用唇线笔沿原轮廓内侧描画唇线。唇膏色宜选用深色或冷色以增强收敛效果，避免使用鲜红色、粉色和亮色。

2. 唇形过薄

修正方法：在唇周涂浅色粉底，增加唇部轮廓的饱满度，再用唇线笔沿原轮廓向外扩展。唇膏可选用暖色、浅色或亮色，以增加唇的饱满感。

3. 唇角下垂

修正方法：用粉底遮盖唇线和唇角，将上唇线提起，嘴角提高，上唇唇峰及唇谷不变，下唇线略向内移。下唇色要深于上唇色，不宜使用较多亮色唇膏。

4. 嘴唇凸起

修正方法：沿原唇的嘴角外侧勾画轮廓，上下唇线应平直一些，以缩减唇的突出感。唇膏宜选择暗色。

5. 唇形平直

修正方法：按标准唇形的要求勾画唇线，然后再涂唇膏。

第6节 补妆和卸妆

补妆又称修妆，是指在化妆完成后，由于待妆时间过长、温度过高及自身油分、水分的分泌等，使妆面粉底脱落。进食后可使口红融化、脱失，所以应在用餐后约会前或参加社交活动前及时补妆。通常半个小时检查一次妆面，若温度偏高，则改为15分钟检查一次妆面。

一、补妆

补妆是十分重要的工作，切勿直接使用粉扑压在出油处，也千万不要以面纸直接擦汗珠，此举是完美妆容的大败笔，会将粉末和汗水、污垢都混在一起，将彩妆糊成一团。正确的操作，应该先以吸油面纸按压鼻头和额头，再轻扑蜜粉，若有掉色的地方，再稍加轻点颜彩，这样的妆效才显得自然。

1. 补妆所需的工具

（1）双色或三色组合眼影及小化妆刷。可用它们来修补眉色，改变眼影的颜色。

（2）定型散粉。用吸油纸吸去油光后，轻蘸少许散粉，将妆容重新修饰完美。

（3）吸油纸。可以帮助吸去油光，轻松上妆，只需抽出一张，在T形区、两颊轻轻一按即可（用吸油纸尽管是一种补妆的好方法，但不宜天天使用，会使皮肤丧失掉原有的油分，反而对皮肤不利）。

（4）棉棒。如果你的睫毛液不幸经过几个小时的考验已经晕开，可用棉棒轻轻沿着睫毛根部或下眼线处涂掉已脏的部分。

（5）小型睫毛夹。如果使用假睫毛，应观察假睫毛是否有脱落迹象，如有脱落，要用睫毛夹将眼尾部分的睫毛夹起，重新再刷睫毛胶固定，可使眼部更富神采。

（6）小瓶香水。随时补充香水，清新的香水会令你精神为之一振。

2. 需补妆的区域

补妆的重点区域在额头、鼻翼、嘴角和下巴，这些区域很容易出油。其要领是：

（1）用吸油面纸将脸上分泌旺盛的油脂吸干净。

（2）用保湿喷雾喷满全脸，补充水分的同时，还能唤醒疲劳的肌肤。

（3）用纸巾轻轻擦干脸上多余的喷雾水分。

（4）用化妆棉轻轻擦去残留的眼影粉和腮红。

（5）用遮瑕膏涂抹在有瑕疵或暗疮的部位。

（6）用粉扑蘸取少许柔肤粉均匀地扑在脸上，精心修复粉底脱落的部位，尤其是容易出油的T字部。

（7）重新涂抹上腮红，若是随身携带粉底液专用的化妆棉，可以用化妆棉在脸颊部位轻轻晕开，能令腮红妆效更加完美持久。

（8）最后在眼睛下方以及T字部位涂上具有提亮效果的亮粉，能使你的脸形看起来更有立体感。

3. 修补面部底妆

肌肤分泌的油脂及汗水很容易令妆容脱落，而在干燥的天气，若只扑上干粉作补妆，不仅不能令干粉紧贴面部，反而在肌肤表面形成一粒一粒的粉粒，甚至是干纹。所以补妆之前，可以先在面部喷上保湿喷雾，让水分渗透肌肤之内，提供足够的滋润，再补上干粉，便可令妆容服帖自然，而且效果更持久。

由于面上不同部位的油脂分泌也有不同，所以认清以下几个部位，预先做出不同的预防，也可令妆容更服帖。

（1）T字部。油脂分泌特别旺盛，粉底吸收不了油脂便会泛起油光，宜先采用控油产品。

（2）眼睛四周。有些人的眼头及眼尾位置的肤色特别深，黑眼圈更是不少人的大敌，宜先用遮瑕膏遮掩；若眼线及睫毛液脱落，也会令眼部周围的颜色变黑，可用棉棒扫走，再补上粉底。

（3）眼睛下方。不少面部动作也会牵连到眼睛下方的位置，令粉底容易积聚在细纹之间，补妆时便要将粉底涂抹均匀。

（4）鼻翼位置。分泌的油脂及汗液会令粉底积聚在鼻翼位置，补妆时宜用

海绵的角将粉底扫均匀。

4. 修补眉妆及眼妆

（1）眉妆的修补。重新描绘眉妆脱落部分。将眉妆脱落部分用眉笔描深即可，眉影粉强调圆润感。用眉影粉认真覆盖，特别应注意眉梢处的描画。

（2）眼妆的修补。在补妆前一定要用棉棒或指腹将斑驳的眼影清除干净，才能将眼妆修复得清爽自然，不会产生不均匀的色块凝结。用眼影棒蘸取适量的眼影后，稍微掸一掸再画上去，以免涂抹过多，显得厚重。如果眼妆破坏严重，在补粉底前就得先用乳液将掉落的眼影清理干净，补好粉底后再补上新的眼影。

5. 修补唇妆

说话、进食不但会令口红脱落，也会令原先涂有粉底的嘴角脱妆。重塑双唇，首先，用纸巾将唇膏的残渣擦干净，接着再次清洁双唇剥落的角质。为唇部补上粉底，然后再涂上唇膏。用一点唇彩刷在唇中央，再轻轻晕开，会给人冰凉清新的感觉。薄薄地涂一层，保持的时间还比较长，涂得过厚，反而容易脱落。重新加重口红是补妆的一个重点，注意要使用比之前颜色再深一点的口红，因为之前使用的口红已经让唇部边缘轮廓有了破损和延伸，所以说要用更深一点的口红进行覆盖和弥补。

6. 修补腮红

很多人在补妆时经常会忘记补腮红。如果补妆时只补粉底，妆容会显得苍白毫无生气。补妆时选择的腮红最好色差不要太大，颜色比原腮红略淡的最佳。注意补腮红的时候一定是用腮红刷从苹果肌处往斜上方处刷，力度由微重逐渐减轻，这样不仅能打造出轮廓感，而且妆容会很自然。

二、卸妆

每次洁面的时候，一定要将所有化妆品彻底清除，若化妆品残留在面部，会阻塞毛孔，影响油脂的正常分泌，令肌肤不能吸收养分。长此下去，毛孔变得粗大，肌肤粗糙等现象会相继产生。

1. 如何有效卸妆

所谓有效卸妆，就是根据不同肤质用不同的卸妆用品将脸部残妆彻底清除。不仅要卸除皮肤表面的彩妆，还要卸除毛囊内的污垢，促进新陈代谢。

全面卸妆，即眉、眼、唇及面颊两边彩妆的清洁，之后再用洁面乳霜或其他专业清洁产品在脸上大面积清洁。

2. 不同肤质的洁面用品选择

（1）干燥老化肌肤。应使用维生素含量高的植物性油脂制成的清洁霜，可使干燥皮肤清洁卸妆后在皮肤表面形成滋润性的保护膜，再使用化妆水使皮肤柔软、平衡和滋润。在做清洁时，切忌向下打圈，以免使已老化的肌肤更加松弛。含氨基酸的清润焕白洁面乳、细胞润泽纯露是干燥老化肌肤的首选产品。

（2）缺水性肌肤。缺水性皮肤应选用亲水性高、含保湿因子的舒缓洁面泡沫，可温和而彻底地清洁皮肤，使皮肤清洁后不至于流失过多的水分。清洁后使用平衡营养水，可平衡肌肤，减少黑斑。选择的日霜应是保湿滋润型的。

（3）油性皮肤。油性、粉刺类皮肤，往往年轻人为多。洁肤产品应选用含有消炎、杀菌、防腐成分的基因修复洁面乳，以彻底去除皮肤污垢，再使用平衡收缩水调理粗大的毛孔，以避免毛孔因皮脂的拥塞而有扩张粗大的现象。切勿为达到短暂的消炎或收敛效果而选用酒精或其他挥发性物质含量较高的产品，以免使皮肤缺水脱皮，伤口不易复原。

（4）敏感性皮肤。敏感性皮肤的清洁尤为重要。所用的产品中绝对不要含香料、色素，能镇静安抚其肤质兴奋不安的现象。清洁时间不宜过长，否则会使皮肤易于红痛。

3. 如何正确选择卸妆用品

（1）卸妆乳（霜）。卸妆乳（霜）的质地相对较厚，一般可以用来清除较为全面的妆容，而卸妆乳则有点润“妆”细无声的感觉。它的质地更加轻薄清爽，一般用来清除比较简单的妆容。不过需要注意的是，虽然使用这类卸妆产品是用手指画圆圈的方式溶解彩妆，但千万不能把它们当成按摩霜，那样只会把已出来的彩妆污垢又让皮肤给“吃”了回去，产生反效果。

适用人群：干性、中性肌肤最佳。

（2）卸妆水。所谓“卸妆水”，并不是说它所含成分中全部为水分子，事实上卸妆水是通过产品中的非水溶性成分与皮肤上的污垢结合，达到快速卸妆的目的。相比其他产品，卸妆水中的大多数水分还可以保证肌肤的含水量，令肌肤清爽水嫩。

适用人群：敏感性肌肤、油性肌肤、混合性肌肤。

（3）卸妆泡沫。“以黑吸黑”的原理深入毛孔清除化妆残留物，能将对皮肤的刺激减少到最低。清洁时可用双手从额头往下，依次打圈至颈部。打圈清洁

可更深入地清洁至毛孔深层。

适用人群：适合的肌肤类型比较广泛，基本对所有类型的皮肤都适合。

（4）卸妆油。“以油溶油”的原理设计使成分为乳化剂油脂的卸妆油可以轻易与脸上的彩妆油污融合，再通过以水乳化的方式彻底溶解彩妆，甚至厚重的浓妆，如遮瑕力强、油脂含量高的粉条、粉底霜、油性的眼影、腮红等也无一例外。卸妆油更是突破了以往的矿物油成分，植物性的质地能够完全清除残留彩妆，且安全无刺激。不过需要注意的是，使用卸妆油之后，最好再用洗脸产品清洗一次，以保证彻底清洁。

适用人群：每天都有完整上妆习惯和经常化浓妆的女士。油性肤质少用。

4. 针对性卸妆

卸妆的手法也有讲究，一定要使用正确的手法，不然会对肌肤伤害很大。

（1）眼部卸妆（见图 3—56）。包括眼睫毛、眼影、眼等。

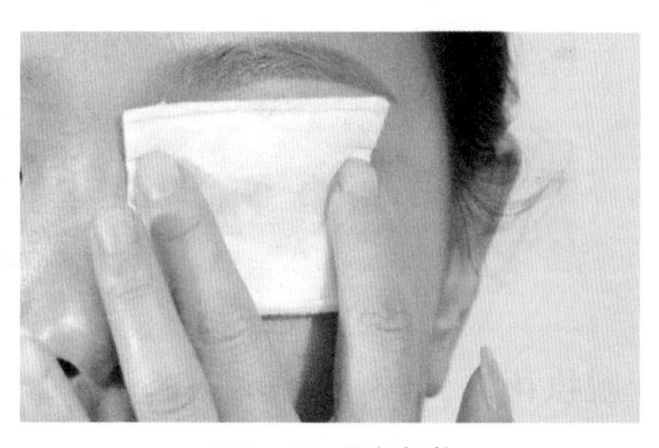

图 3—56　眼部卸妆

1）睫毛膏。拿出化妆棉蘸上卸妆液，将其轻轻盖在睫毛上，小心擦拭，记得不要用力，然后再拿一根棉签蘸上卸妆液，把每一根睫毛往外刷。

2）眼影。在化妆棉上倒一些眼部专用的卸妆液，闭上眼后把化妆棉盖住眼皮，敷一会儿以后再轻轻往外擦，重复几次，直到化妆棉上没有出现新的被卸掉的眼影。

3）眼线。用化妆棉或是棉签的边缘蘸一些卸妆液，由内往外在画眼线的部位擦拭，有针对性地进行卸妆就可以轻松卸去眼线。

（2）唇部卸妆（见图 3—57）。将保湿喷雾喷在化妆棉敷于唇上，轻轻擦去唇部妆。

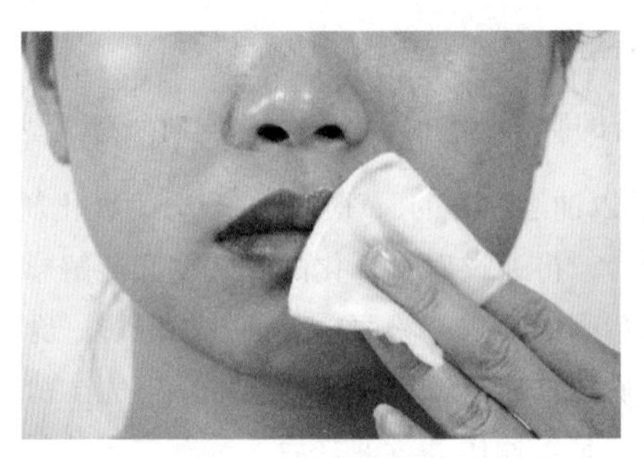

图 3—57　唇部卸妆

（3）面部卸妆（见图 3—58）。蘸取卸妆乳，先在鼻子两侧上下滑动，其他部位用手掌由内向外揉搓。在感觉脸上干净以后，用清水洗净即可，洗干净后再用洗面奶洗一次。

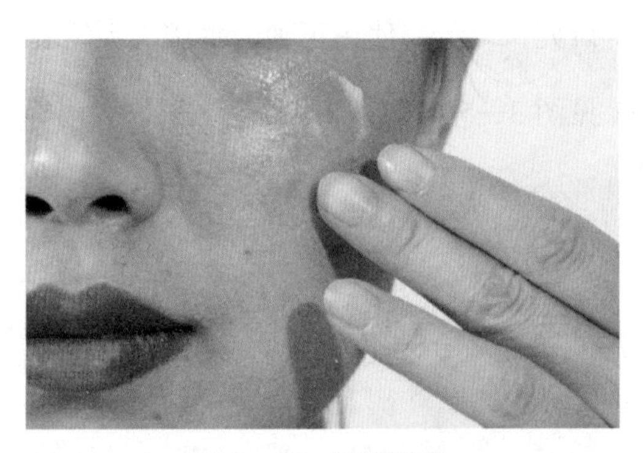

图 3—58　面部卸妆

三、防止脱妆花妆

（1）肌肤的保水度一定要够，角质要去干净。如果保水度不够，妆只会越上越结块，看起来粗粗干干，这样会很容易脱妆。上妆前敷脸，采用保湿型的湿布面膜或用化妆棉浸满保湿化妆水贴于脸部。肌肤吸满水后会很好上妆，妆效会更匀称，且不易脱妆，更重要的是，肌肤一旦吸满水，因为油水均衡，较不易出油，也不易脱妆。

（2）用粉底霜或粉底液时，采取海绵垂直轻按的方法，让粉底与皮肤充分结合，粉底就会比较持久，如果用推擦的方法就差多了。如果用两用粉底上妆，可将海绵拧成八成干，按一般步骤上粉底，接着用干海绵再上一次粉底，这样可确保不易浮粉。第二次的粉底可代替蜜粉，不必另外再上一层蜜粉。同粉底一样，如果蜜粉在脸上不实着，过一段时间后也会脱落。因此，正确的使用方法是用粉扑蘸适量蜜粉，先在脸上拍匀，再用按压方式上蜜粉，而不能用左右

涂抹的方法。

（3）眼线笔的持久性不如眼线液，尽量选择持久性好的眼线用品。

（4）上完粉底后，用手指蘸膏状腮红，淡淡地在颧骨处晕均匀后上层蜜粉，最后打上与膏状腮红颜色接近的粉状腮红。

（5）为使口红不晕开，先用唇线笔画出唇形，再涂唇膏，并轻轻抿掉唇膏后扑蜜粉，再上一次唇膏。最后用眼影刷蘸上和唇膏颜色近似的腮红或眼影粉，不但能让唇妆持久，更能创造出粉质感的唇部彩妆。另外，将遮瑕膏涂在唇部，再涂上唇膏，也能让唇妆更持久。或者用专门的定唇液，在画完唇彩后，蘸上定唇液，唇部也不易脱妆。

第4章 具体妆容与风格搭配

第1节 生活妆

生活妆是对面容的轻微修饰与润色，常见于人们的日常生活和工作中。生活妆是在人自身客观基础上进行化妆修饰，从而达到取长补短、美化自己的目的。生活妆一般分为生活淡妆、职业妆、宴会妆等。

一、生活淡妆

1. 妆面特点

生活妆力求真实自然、柔和协调，要尽力做到细施轻匀，既有形色渲染，又富于自然气息，使人难以看出涂抹痕迹，做到“浓妆淡抹总相宜”（见图4—1）。

图4—1　生活妆妆面

2. 表现手法

生活淡妆的底妆效果是既均匀肤色又无痕地遮盖瑕疵，好像没有涂粉底但却具有通透的肤质，让皮肤看起来更加健康，肤色均匀、有光泽，肤质细腻、紧致、通透。

（1）底妆。选择一个与肤色接近的粉底，用粉底刷适量蘸取。额头部位由中央向两侧均匀刷开，注意靠近发髻的部位不宜刷得太白，只要用刷子一笔带过即可。两颊部位遵循“从中间到两边，从下往上”的方向均匀刷上粉底液，刷的时候动作要果断，切忌来回涂刷。接着是鼻子，注意鼻翼及人中交接处要仔细刷匀。最后利用刷子的余粉为眼周打底。唇周部位同样由人中往两边均匀刷开，刷完后再利用余粉仔细涂抹嘴角部位。用大号定妆刷蘸取散粉，由内轮廓轻轻地按压到外轮廓。

（2）眉妆。先把眉笔顺着眉毛的生长方向（眉头斜上方、眉头到眉峰斜后方、

眉峰到眉尾斜下方）进行填补，把眉毛空缺的位置填补满；用眉刷蘸取眉粉，在空开眉头大约 1/3 处，自然向后晕染，整个眉形修饰完成后，再利用眉刷上剩余的眉粉填补眉头。

（3）眼妆。对眼睛进行修饰，一般先涂眼影，再画眼线，后刷睫毛。

1）眼影。从眼影的搭配到涂抹方法都追求简单，以求自然真实。色彩应该柔和、简洁，要根据服饰的色彩以及皮肤的色调而定。一般选择中性色或略偏冷的眼影色。眼影一般用平涂晕染法。

2）眼线。眼线一般是选用黑色或深棕色。上下眼线应细致而自然，下眼线也可以不画。画完眼线后，可用棉花棒或小刷子轻画过眼线，显得自然大方，或者直接用眼影粉代替眼线笔轻轻勾画。

3）睫毛。睫毛应用自然型睫毛膏自然修饰。增密和拉长效果都要自然，一般用黑色、深棕色睫毛膏为多。

（4）腮红。用腮红刷蘸取腮红从颧骨的外侧进行涂抹，淡淡地扫几笔，打造出白里透红的感觉即可。

（5）唇妆（见图 4—2）。用粉底液遮盖唇边的细纹等瑕疵，凸显出唇形轮廓。从唇中间开始往两边涂抹口红，再用口红仔细地涂唇峰部位，然后晕染到整个上唇，注意不要越出轮廓范围。

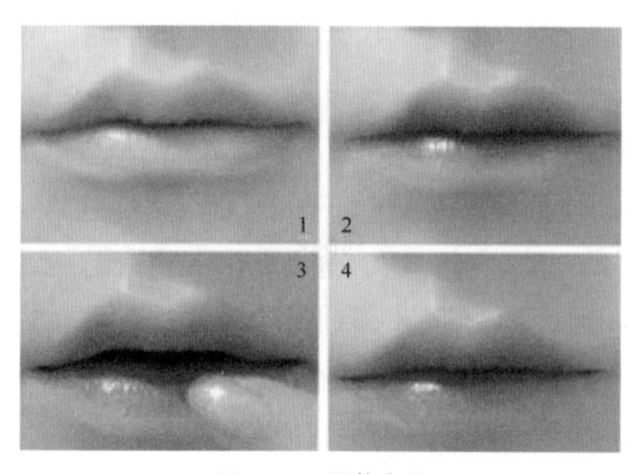

图 4—2　唇妆步骤

二、职业妆

职业妆是运用于职业场合的化妆，是应用在办公室环境中的化妆造型，属于生活妆的一种。

1. 妆面特点

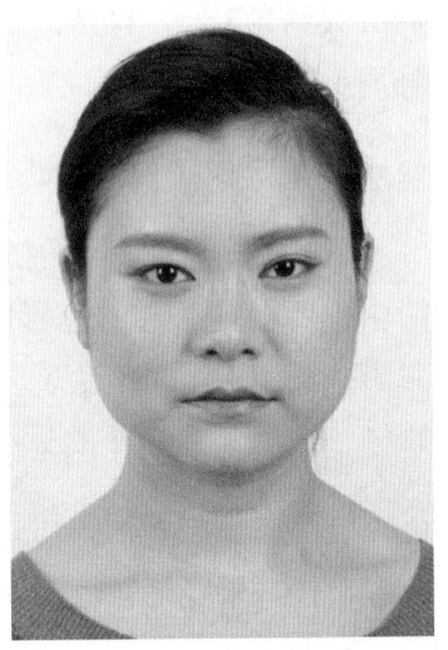
图 4—3　职业妆妆面

妆面简洁、干净，线条清晰，给人以清新、简洁、稳重的感觉，充分展现女性的自信与端庄（见图 4—3）。

2. 表现方法

（1）底妆。选择适合肤质的隔离产品，保护皮肤，调节肤色。根据肤质和季节特点选择粉底产品，强调健康、润泽的肤质。选择透明的定妆粉局部或全部定妆。

（2）眉妆。眉形修理整齐，比较适宜平直一些的眉形，用眉粉适当晕染，用眉笔强调形状，体现立体的效果。

（3）眼妆。眼影应选择适合肤色、与服饰色彩协调的色彩，通常用大地色系、褐色、深灰色等，搭配象牙白色或米白色提亮眼眶上缘处。用黑色或深棕色眼线笔或眼线膏描画整条上睫毛线，下睫毛线描画 1/2 或 1/3，也可视情况省略。睫毛的处理非常重要，需精心、细致地梳理、涂抹。

（4）腮红。从发际边缘颧骨外侧向前涂抹颊红，多用自然红色，仔细晕染，体现健康、红润的肤色。

（5）唇妆。唇形清晰、整洁，唇峰略带棱角，贴近唇面颜色的唇彩或唇膏是首选，如橘红色、肉粉色、豆沙色等。

三、宴会妆

由于人际往来的日益频繁，人们参加各种正式、非正式宴会的机会也越来越多。参加正式的宴会、晚会、商务型宴会等，往往会被要求“盛装”或“正式礼服”出席，而且会伴有晚宴、自助酒会及舞会等节目，内容丰富、环境奢华、气氛热烈。

1. 妆面特点

宴会妆是指参加正式的或比较正式的宴会、晚会等的妆型。妆容的效果应该是色彩与整体形象色调协调，用色要“艳”而不俗、丰富而不繁杂，主色调明确，与服饰相互呼应。妆面色彩用色略显浓重，但不宜过于鲜艳，否则会显得不协调，反而失去美感（见图 4—4）。

宴会妆造型略有夸张，五官与眉的轮廓做适当调整，描画清晰，凹凸结构明显。在本人原有容貌的基础上，适当进行修饰、塑造。特别是眼睛、唇部的造型，应该体现出整体形象风格，效果华丽、浓艳、引人注目。但是，不能因矫正而失去自然、真实的效果。

妆容要与饰物、发型、服装协调，加上得体的举止、良好的谈吐、优美的姿态，展现的是职业形象以外的柔媚轻盈，让人感到高雅、甜美、时尚、魅力无穷。

图 4—4　宴会妆妆面

2. 表现方法

（1）底妆。净面后喷洒收敛性化妆水，弹拍于整个面部及颈部，使皮肤吸收；涂擦营养霜或乳液，进行简单的皮肤按摩。然后涂遮瑕膏或矫正肤色的底霜（选择遮盖性强的粉条、粉底膏、粉底霜），使皮肤细腻而富有光泽。

可以先薄涂一层，使粉底与皮肤相贴后再涂一层，并用手轻按，增强粉底与皮肤的亲和力，使脸部自然又不易脱妆，并将裸露的肩、胸、背、臂等部位都均匀涂敷；接着用阴影色、提亮色粉底适当修饰脸形和立体结构，使整个脸展现姣美的一面；最后用透明蜜粉固定粉底，也可适当添加皮肤的珠光效果，使皮肤更亮丽光彩，但不宜太多。

（2）眼妆。眼部修饰是刻画的重点，但要避免舞台化效果，主要通过下面几个方面来修饰：

1）眼影。根据服饰色彩选择适当的眼影，色调富于变化，但要保持其整体性，并可增加荧光粉点缀。例如，色彩的明暗对比增强，可强调眼形的凹凸结构；色彩的纯度略高，可以使妆色显得艳丽。

2）眼线。主要通过描绘上下眼线增加眼部魅力。上眼线可适当加粗，眼尾略扬并加粗，下眼线的眼尾略粗，内眼角略细。上下眼线的眼尾不能相交。

3）睫毛。将睫毛夹卷翘后涂染睫毛膏，可以采用防水加长睫毛膏涂染的方式。涂染睫毛膏时可分两次涂染，这样涂得浓些使睫毛显得浓密，又不失其利落自然感。如果自身睫毛稀、短，则可以粘假睫毛，但应与自身睫毛融为一体，宜选自然型，使眼睛富有神采但无造作感。

（3）鼻妆。鼻的修饰还是强调自然修饰效果。可根据脸形和鼻形的需要进行矫正。选择浅棕色或灰紫色修饰鼻两侧阴影，用米白色或白色提亮鼻梁。强调立体感，影色与亮色的对比运用可强些，但过渡一定要柔和。

（4）眉妆。眉部修饰可在洁面后护肤前、皮肤干爽时做好。修饰时，应该除去散乱多余的眉毛，修出基本眉形。宴会妆的眉色较艳丽，可用羊毛刷蘸棕红色、棕色眉粉涂刷在眉毛上，再用黑色眉笔描画，描画后用眉刷将眉色晕开，眉形要整齐，可以适当夸张，但还是要与脸形相适合。

（5）腮红。脸颊的修饰要选择与服饰和眼影色协调的胭脂，根据脸形的需求，使用略有夸张的晕染，色彩纯度偏高。常用色调有玫瑰红色、珊瑚红色、桃红色、棕红色等。

（6）唇妆。唇形也需配合脸形。修饰时，可使用唇线笔勾画唇轮廓，选择与眼影色、腮红色协调的较浓艳的唇膏涂满唇面，并在唇的高光部位涂增亮唇膏、唇彩或唇油，增加唇部的光彩，也使唇具有立体感。

第 2 节

男士妆容修饰

爱美不是女人的专利，男人也爱美。随着时尚潮流的到来，男人越来越关注自己的面容，希望自己在任何时刻和场合都看起来俊朗迷人。男士化妆是追求健康与活力的一种表现。

一、妆面效果

有一种风度叫硬朗，有一种妆容叫男士妆。男士适度的修饰可以让自己的外形更加俊朗、阳光、健康，充满活力，富有男人味。男士的妆容（见图 4—5）相对于女士妆容来说没有那么烦琐，呈现出一种自然的效果。

图 4—5　男士的妆容

二、妆面修饰

男士化妆不需要太浓，在妆面上要追求自然、立体的效果。

1. 底妆

粉底的颜色要自然接近皮肤的颜色，或者略深于肤色。

涂抹粉底的手法多用敲和印，只要薄薄的一层就好，别像女士那样“浓妆艳抹”。粉底打造立体感，提亮的时候要注意，三角区的提亮在颧骨上缘，下巴的提亮要呈略方的形状，鼻头略呈圆形。暗影在颧骨最高点的下缘，和高光配合塑造出脸部立体感。定妆采用亚光质感的男士定妆粉，同样要求无明显的粉质感，定妆要薄，和粉底同色。

2. 眉妆

在男妆中，眉毛是处理的重点。一般有两种眉形：

（1）剑眉。英气十足，强调面部轮廓，硬朗。

（2）英雄眉。柔和，平易近人，好接触的感觉。

如果眉毛的色彩过淡或有残缺，要进行适当的补画。使用灰色的眉笔居多，切忌将眉毛涂得过黑，那样会显得十分虚假。最后用眉蜡进行整理梳顺。用补画法，配合透明眉胶处理即可。

3. 眼妆

先观察眼部大小，如相差过大，可用美目贴进行调整，但切记尽量不要露出美目贴的痕迹。

选用亚光的棕色系眼影（只是用眼影来修饰眼部的结构）。

眼线方面，对于男士来讲是可以使用眼线的，但要注意男士的眼线不如女性的线条感那么强，更多的是使用自然眼线，起增添眼神及调整大小的作用。

可以适当刷点睫毛膏（甚至看不出涂刷痕迹）。

4. 唇妆

男士唇部也不需要多加修饰，不要看起来干干的脱皮就好。可以涂润唇膏，也可以选用浅咖啡色或者肉色口红处理，要有滋润度，但忌讳有油腻的感觉。

5. 发型

男妆中的发型很重要，要用吹风机吹蓬发根，再抓出造型。选择亚光的、定型强度高的发蜡或者发泥抓出造型，最后用发胶定型。

第 3 节

婚　礼　妆

婚纱摄影最早起源于照相馆，为即将结婚的新人拍摄婚礼纪念照。随着时代的发展，慢慢地由最初简单的拍摄婚纱照转变为为新人们拍摄更多风格的照片。拍婚纱照是青年男女即将步入婚姻殿堂首选的大事，它是结婚新人爱情的见证。婚纱摄影无论是在装扮服饰上，还是拍照内容或是艺术形式上，都丰富多彩地表达了人们心理上的需求。它是神圣的文化艺术，更是爱意情感之间的融合。

婚纱摄影是时尚精神的写照，是爱情故事的全程记录精华，并与时尚健康的时代潮流相结合，倡导高雅纯真的艺术享受，为唤起永恒的回忆发挥了相应的作用。

随着时代的发展、人们审美观念的改变、文化艺术品位的提高，婚纱摄影焕发出更多不同风格的化妆与造型来表现人物的不同气质，用瞬间把多彩的人生变成永恒。

婚纱摄影化妆造型一直以时尚、唯美为主旋律。由于新娘化妆的特殊性，从而多年来形成了许多约定俗成的典范，加上时尚的演变，逐步呈现更加瑰丽的形象。

一、新娘妆风格分类

1. 韩式风格（见图 4—6）

韩式风格是温婉、年轻、优雅、简约的风格。

（1）妆容特点

1）粉底。偏白皙，透亮干净，可以减掉暗影或减淡。

2）眉毛。眉色偏浅，平缓而略粗一些。

3）眼妆。颜色选饱和度低、明度高的颜色（如肉粉、杏仁色），用平涂的手法。

4）眼线。可以选用咖啡色，沿着睫毛的根部涂刷。

5）睫毛。不需要太夸张，自然、纹理清晰。

6）腮红。肉粉色，以团式的手法。

7）唇。线条柔和，颜色为粉色、紫色、橙粉。

（2）发型特点。辫发，卷筒，低盘发为主；刘海中分、斜分；发丝线条柔和。

（3）饰品。头箍，发带，蝴蝶单元，造型简单的花朵，精致的小皇冠。

（4）服装。以雪纺、缎面、蕾丝等面料为主。

图 4—6　韩式风格（姜月辉作品）

2. 复古风格（见图 4—7）

复古风格是指以某个年代为代表性，流行和经典重新组合，以一种崭新的元素出现。

（1）妆容特点

1）粉底。不强调面部五官的骨感，而是体现丰盈度，暗影为自然的打法。

2）眉毛。略粗，不过于高挑，但也有一定的眉峰，体现端庄感。

3）眼影。选择饱和度低而又能产生稳重气质的结构色系眼影（如金色、墨绿、金绿、灰色）。

4）眼线。描画略粗又略挑的眼线，突出复古感。

5）睫毛。自然，不过分夸张。

6）腮红。斜向打法轻扫。

7）唇色。选用暖色系，如肉粉、棕红、大红色，应避免冷色系。

（2）发型特点。三七分大波浪卷发，带有波纹的刘海，椭圆形盘发。

（3）饰品。大皇冠，大型华丽的耳环，层次丰富的较大花朵，珍珠。

图 4—7　复古风格（Danny 作品）

3. 高贵风格（见图 4—8）

高贵风格体现出高贵、有教养、受人尊敬、优雅、精致、有涵养。

（1）妆容特点

1）粉底。底妆处理要薄，皮肤要透亮，突出立体感，体现健康的质感；粉底色彩一定要接近皮肤颜色或者偏白（颜色不可过深）。

2）眼影。大地色系眼妆，手法采用平涂、渐层都可以。

图 4—8　高贵风格（姜月辉、Danny 作品）

3）眼线。自然流畅，不可过长。

4）睫毛。清爽自然，不可过于浓密。

5）眉毛。眉峰可以略硬朗，带有一点弧度，精致自然。

6）腮红。多以暖色系斜向腮红为主。

7）唇。线条柔和，颜色采用珊瑚色系或橘红色。

（2）发型特点。发质自然健康，发丝光泽干净；发型轮廓整体向上居多，以椭圆形为主，发型不夸张。卷筒、辫子、包发是常见手法。

（3）饰品。礼帽，皇冠，羽毛，偏大的精致花饰，网纱，珍珠。

（4）服装特点。不裸露的设计居多，高贵典雅（服装面料以蕾丝、缎面居多），款式相对简洁、大方，多数为大拖尾搭配拖地头纱与手套。

4. 清新风格（见图 4—9）

清新风格是指淡雅、清新、自然，犹如少女般的状态。

（1）妆容特点

1）粉底。底妆处理要薄，皮肤要透亮;立体感不需要过于修饰，和基础底妆结合，过渡衔接自然，体现脸形的饱满度。粉底色彩一定要接近皮肤颜色或者偏白（颜色不可过深）。

2）眼影。手法以平涂为主，可选择明度高的色彩。

3）眼线。咖啡色眼线会让眼妆更柔和、自然。黑色眼线线条不可太锐利，用较浅的棕色将眼线边缘过渡晕染开。

4）睫毛。不可粘贴过于厚重的睫毛。自身睫毛比较长、较浓密，处理得清爽、根根分明即可，无须粘贴。自身睫毛较短，可以在真睫毛中用鱼线假睫毛分段或单根补缺。

5）眉毛。平缓，松散，略带天生茸毛感（体现自然、未修饰）。

6）腮红。以团式腮红为主，冷色系和暖色系都可以。按照室内、室外场合需要选择腮红的质感（室内多以微珠光为主，室外则以亚光为主，具体还要根据皮肤状况）。

7）唇。突出自然润泽的唇部纹理，或者略带亚光；唇色不可选择太艳丽的，多以裸粉、裸橘色为主。

（2）发型特点。发丝线条柔和。带有纹理的短发造型，松散的编发造型，发丝需要有光泽感，不毛躁，不可凌乱。

（3）饰品。颜色淡雅粉嫩；浅色的中小花朵，精致的发卡、发带或者蝴蝶结。

（4）服装特点。明度高、饱和度底的颜色，如灰紫、淡绿、淡蓝，选择轻柔的雪纺、真丝等面料（质地一定要轻柔）。

图 4—9　清新风格（姜月辉、Danny 作品）

5. 田园风格（见图 4—10）

田园风格是指一种贴近自然、向往自然的风格（田地、园圃、大自然、随意、阳光、自由）。

（1）妆容特点。少女式的粉色系、橘色系偏多。

1）粉底。自然薄透，有皮肤的质感。

2）眉毛。松散，平直，有毛发感。

3）眼线。拉长平拖或微上扬。

4）眼影。微珠光质感，色彩柔和。

5）睫毛。清爽、自然、卷翘。

6）腮红。笑肌最高点团式打法，有一定光泽感。

7）唇。自然健康唇色，不强调边缘轮廓线的精致度。

（2）发型特点。辫子，自然凌乱的卷发，自然直发，空气感卷发（强调随意感）。

（3）饰品。各种小型花朵、草帽、丝巾。

（4）服装特点。格子、纯天然布料、白色蕾丝、牛仔、波点、条纹。

图 4—10　田园风格（姜月辉、Danny 作品）

二、婚纱礼服款式选择

1. 婚纱礼服款式分类

最常用的婚纱分类方法，是根据婚纱款式，从肩部款式、腰与裙形、拖尾大小、后背样式、面料等方面进行区分。

（1）从肩部、领、袖的样式分（见图 4—11）。有抹胸、单肩、吊脖、一字肩、双肩、V 领等。

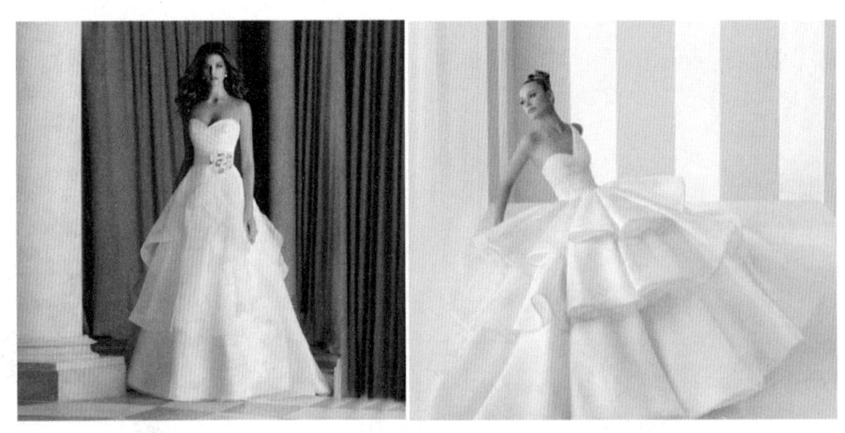

图 4—11　抹胸、单肩婚纱款式

（2）从裙摆大小分（见图 4—12）。有短款、齐地、小拖尾（30 厘米）、中拖尾（50 ~ 80 厘米）、大拖尾（超过 100 厘米）。

图 4—12　齐地婚纱款式

（3）从腰与裙摆类型分（见图 4—13）。有高腰、鱼尾、A 字裙、蓬蓬裙、公主裙。

图 4—13　小拖尾、鱼尾婚纱款式

（4）从背部样式类型分（见图 4—14）。有绑带、拉链、仿扣、露背。

图 4—14　露背婚纱款式

（5）从面料类型分。有纱、缎、雪纺、欧根纱、蕾丝。

2. 新娘婚纱礼服款式选择

在选择婚纱礼服时，一款漂亮大方的婚纱可以为你的婚礼锦上添花，修身得体的礼服将让你成为婚礼中的闪亮“焦点”。那么，如何挑选婚纱的款式呢？首先要根据个人的身形、气质来选择，其次是考虑色泽、材质、价格等因素。

正确的选择可以帮助你修饰身形，彰显优点，而错误的搭配也将让你的缺点暴露无遗。

（1）根据婚纱礼服衣领款式选择

1）卡肩式。领圈搭在肩膀下方，露出锁骨和肩膀，袖子遮住部分上臂。这种款式对绝大多数女性都很合适，胸部大小中等或比较丰满的女性穿起来会格外漂亮。但是，如果手臂比较胖或者不习惯裸露双肩，可以采用下面另外介绍的领形。

适合：胸部丰满、梨形身材的女性。

不适合：宽肩，粗臂。

2）包肩式。跟前面介绍的卡肩式很相像的款式，但是要用更多的面料，两肩看起来像是被一又宽又柔软的圆形连接起来。

适合：手臂较粗，锁骨突出。

不适合：锁骨不明。

3）心形领。形状好似鸡心的上面一半，这种款式着重裸露，是胸部丰满的女性的上佳选择，也能让颈部看起来更修长。

适合：想裸露，丰满。

不适合：不想裸露，消瘦。

4）一字领。柔和地随着锁骨的弧线到达肩头附近，剪裁直上直下，对胸部的描画较少，可以有袖，也可以采用无袖的设计。

适合：胸部较小的女性。

不适合：丰满的女性。

5）绕颈式。绑带由颈后绕过或者高领深袖洞的式样，宽肩膀或者身高 170 厘米以上的高大女性穿起来都很好看。

适合：宽肩。

不适合：窄肩。

6）大圆领。经典普遍的漂亮式样，领口可以剪裁得很低，后背也常常是圆弧形。

适合：几乎所有人。

7）V 领礼服。沿着脖颈的小领圈，能丰满胸形，但不适合胸部太大的女士，

原理同一字领。

8）抹胸式。对胸部丰满的新娘来说，抹胸式是非常受欢迎的款式，上身无论配以鸡心式还是笔直的线条都非常漂亮。

适合：肩膀宽阔且锁骨清晰。

不适合：胸部平坦的女性。

（2）根据个人身型选择

1）瘦高型

身材特点：又高又瘦，没有明显的肩部、腰部和臀部线条，各部分尺寸相差不大，缺乏曲线感。

选择：要选择能增加曲线美的衣饰，突出肩部和腰线。注意婚纱的层次感与单元节奏感。可以选择宽大的肩和变化的袖子设计，有加宽肩部的效果。一字领口、大圆领口是不错的选择。

避免：使颈部显得更细长的 V 字领，使身材看起来更“苗条”的露肩、露胸款式。

2）玲珑型

身材特点：身材好，娇小偏瘦。

选择：使腿部拉长的高腰设计、贴身设计，能很好地展现身体曲线。

避免：使人显得更加矮小的宽大的裙摆。

3）梨型

身材特点：肩窄，胸部较小，臀部丰满。平衡好身体的比例是最重要的，注意凸出上身的曲线，忽略宽大的臀部。

选择：能使肩部看起来更宽一些的垫肩和泡泡袖；上衣应有蕾丝、珠绣、浮雕刺绣等装饰，或者面料与裙摆不同；腰部和臀部应采用简洁的直线条和平滑面料。

避免：紧身衣袖和过低的 V 形领，裙摆使用过多的抽褶或繁杂的装饰。

4）萝卜型

身材特点：和梨型正好相反。肩部较宽，胸部丰满，下半身苗条。

选择：简洁的上衣和袖子款式及平滑面料。可以将视线下移的低腰身婚纱，大蓬裙、臀部装饰抽摺款式都可令下半身更有曲线感。

避免：垫肩和泡泡袖等过于繁复的装饰，容易突出丰满上半身的宽大袖子和高腰款式，非常贴身的裙子。

5）沙漏型

身材特点：胸部和臀部的尺寸接近，腰部曲线纤细而明显。曲线分明，身材曼妙。

选择：选择范围很广，以突出腰部曲线的婚纱款式为最佳。上半部宜紧身，可以用公主线分割表现腰身。

避免：在上身和裙子上同时加过多装饰，会给人以烦琐而无主题的感觉。

（3）根据拍摄场景选择

1）室内婚纱。一般室内婚纱照大都会选择白色的婚纱，因为多数人都比较喜欢在室内放置放大的白色婚纱照。考虑到跟室外婚纱要有区别（室外婚纱一般会选择大拖尾款式的婚纱），身材苗条的新娘可以选择鱼尾款式的婚纱礼服，能显示女人的迷人身材，非常有女人味。比较可爱活泼一点的新娘可以选择短款或者及膝的，但在室外一般不建议选择短款的婚纱。

2）室外婚纱。在室外拍摄婚纱照比较灵活多变，所以抹胸款式的婚纱比较适合，以便拍照时的活动。另外，婚纱拖尾不要怕繁复，通常大拖尾拍摄出来的效果要比小拖尾更好。

3）晚礼服。晚礼服挑选起来比较麻烦，建议尽量不要选择黄、浅米色系的款式，在强烈的灯光下拍出来的效果和白色的婚纱没有多大的差别。晚礼服对身材的要求也比较高，身材丰满的新娘可以选择蓬松的裙摆加上披肩，有一种高贵典雅的气质。比较消瘦的新娘可以选择修身款式的礼服，不过最好是胸前或者胯部戴有装饰的，以强调新娘的美感。

4）特色礼服

①凤冠霞帔。基本上没有太多的款式，穿起来比较喜庆、隆重，比较适合举行中式婚礼，长辈们也比较认可。

②格格服。这样款式的礼服比较适合可爱一点的新娘。

③韩装。比较适合有气质、古典淡雅的新娘。

④唐装。穿起来比较大气端庄，有气质的新娘不妨尝试下此类礼服，效果一定非常不错。

⑤秀禾装。秀禾装更多地是体现小家碧玉的形象，给人一种端庄的感觉，适合温婉娴静的新娘。

3. 男士礼服款式选择（燕尾服、西装礼服、英乔礼服、韩版礼服）

由于西装与礼服都是来自于西方国家，对于不太习惯的东方人，很容易混淆两者的区别。一般而言，礼服比西装来得正式，西方男性在出席正式的宴会时多被规定必须穿着礼服。至于西装，则是一种城市装，比较轻便，一般的商务会议或是饭局可以穿着西装。因此，在婚礼、婚宴或是结婚仪式上，穿着正式的礼服可说是种公认的礼仪。有些新郎会以西装来代替礼服，其实并不合礼仪，而且与新娘华丽的白纱礼服也不搭衬。

（1）晨礼服（见图 4—15）。曾经是欧洲上流阶层出席 Ascot 赛马场金杯赛穿着的服装，因此也被称为“赛马礼服”。后来晨礼服被视作白天参加庆典、星期日的教堂礼拜以及婚礼活动的正规礼服，而且在一些正规的日间社交场合也同样会出现很多身着晨礼服的绅士。现如今，繁复的晨礼服已经不太常见，但在欧洲，晨礼服仍是男士礼仪的一部分，尤其是参加一些有贵族传统的体育赛事。而在日本，晨礼服至今仍然是要员们白天参加各种活动的标准着装。

晨礼服上装为灰、黑色，后摆为圆尾形，其上衣长与膝齐，胸前仅有一粒扣，一般用背带。配白衬衫，灰、黑、驼色领带均可，穿黑袜子和黑皮鞋。

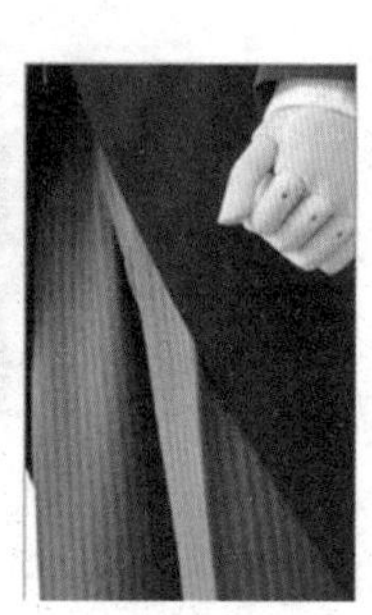

图 4—15　晨礼服

1）晨礼服搭配要点。晨礼服与晚礼服最大的区别就是上下身不同色。而在晚礼服中，无论是最奢华、最高级的白色大礼服，还是黑色无尾便礼服，都一定要讲究上下身穿着同色套装。晨礼服最醒目的特征就在于它的黑色上衣与深灰色条纹裤子的搭配，且一定要纯羊毛质地。正规晨礼服的长裤一定要用背带的，背带的颜色应该选用黑色或黑白色条纹。

2）晨礼服搭配必需。礼帽、领型、衬衣、领带或领结、口袋巾、背带长裤、马甲、裤子、鞋等。

图 4—16　礼帽

①礼帽（见图 4—16）。在出席婚礼时穿着的晨礼服中，总是少不了一顶灰色的礼帽，而且一定是灰色的高筒小檐礼帽。

②领型（见图 4—17）。晨礼服上衣的领型一般都会采用戗驳领。戗驳领有种气势挺拔的感觉，会使人的整体气质更显端庄，适合体形宽厚的男士，也适合年龄感较重、性情严肃认真的男士。适合正式场合出席活动，参加婚礼等。

图 4—17　领型

③衬衣（见图 4—18）。晨礼服的衬衣一般多采用小型领的，颜色为白色，通常胸前带有装饰褶皱。

④领带或领结（见图 4—19）。由于出席场合的不同，晨礼服搭配领带、领结皆可，但通常都会选择与浅灰色马甲色调一致的颜色，尤其是一些带有银灰色光

泽质感的领带和领结。另外，若是出席婚礼等场合，也可以选择一些带有提花的款式。

图 4—18　礼服衬衫

图 4—19　领结

⑤口袋巾（见图 4—20）。最正规的一定是白色口袋巾，并用最传统的一字形折叠打法。

图 4—20　口袋巾

相关链接

口袋巾的折法与选择

1. 口袋巾的折法

常见的折法有一字形（见图 4—21）、自然形（见图 4—22）、三角形（见图 4—23）等。

图 4—21　一字形

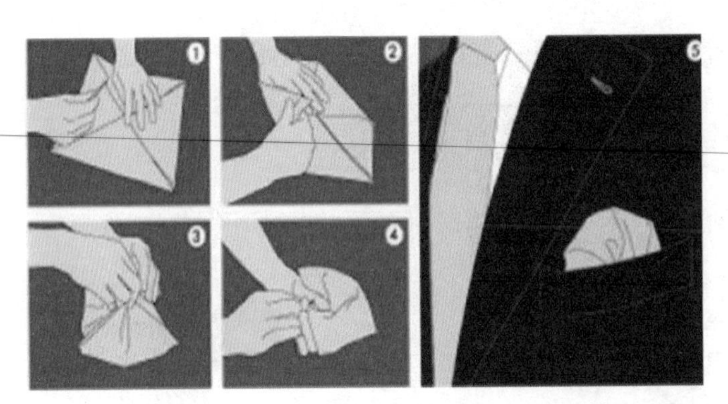

图 4—22　自然形

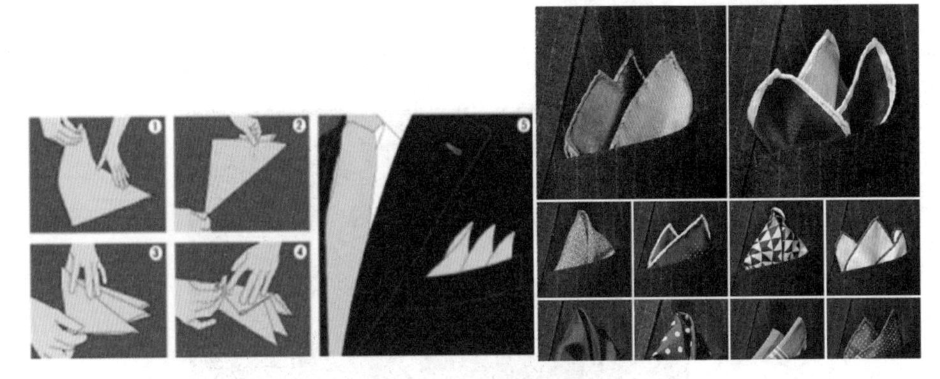

图 4—23　三角形

2. 口袋巾的选择（见图 4—24）

旧时，人们常在手帕上洒上香水，并用以掩盖鼻子，避免吸入街道的烟尘、浊气。随着时间的推移，和其他所有快速消费品一样，纸巾的诞生完全取代了手帕的功能性，其装饰性在很长一段时间似乎也只是为女人所有，老电影中那些端庄秀丽的名门闺秀一定会在胸侧别着一块清新素雅的手帕。

时至今日，当女人们也很少有心思和耐心摆弄手帕的时候，男人的口袋巾却越来越新颖别致，色彩和图案层出不穷，风格更是迎合多种场合需要，或传统绅士或年轻花哨，西装左胸的口袋已成为男人们的装饰空间，小小角落体现着男人的品位和情趣。

⑥背带（见图 4—25）。正规的晨礼服一定要佩戴背带，背带的颜色很讲究，一般来说是以黑色和黑白条纹的为主。佩戴时一定注意不要露出背带扣环。

⑦马甲（见图 4—26）。晨礼服的马甲十分讲究，一般采用浅灰色或者亮面灰色的质地，双排扣或单排扣皆可。穿着晨礼服参加婚礼的时候，改换搭配香槟色带有提花的马甲也是可以的。

图 4—24　口袋巾选择

图 4—25　背带

图 4—26　马甲

⑧裤子。晨礼服的裤子是其最为醒目的部分，一般来说黑色上衣配黑色条纹的长裤最为正规，且长裤腰部不能带裤鼻儿。

⑨鞋（见图 4—27）。传统的翼纹牛津鞋是搭配晨礼服的最佳方案。

图 4—27　鞋

（2）平口礼服。也称“王子式礼服”（见图 4—28），可用于婚宴派对上的穿着。平口式礼服的特色是裁剪设计较类似于西装，适合较为瘦高的新郎穿着。平口礼服的正式穿法是外套、衬衣、长裤，搭配领结、腰封。

图 4—28　平口礼服

（3）燕尾服（见图 4—29）。是欧洲男士在正规的特定场合穿着的礼服。其基本结构形式为前身短、西装领造型，后身长、后衣片呈燕尾形两片开衩，源于欧洲人马车夫的服装造型。色彩多以黑色为正色，表示严肃、认真、神圣之意。

图 4—29　燕尾服

（4）西装礼服（见图 4—30）。绸缎面料领的西装礼服可以说是一种现代的改良礼服。西装礼服的正式穿法为外套、衬衣、长裤，搭配背心、领带。因为选料常常有丝绒、绸缎等高贵感面料，故可以用于婚礼礼服，也是明星参加晚宴所钟爱的款式。

（5）英乔礼服（见图 4—31）。是中西结合的一种礼服，由中国设计师创立，英文“ENJOY”意为享受，多用于结婚场合，把中华立领、唐装、苏格兰裙、韩版等诸多元素进行了融合。相比传统礼服，英乔礼服的变化较多，领饰除了

图 4—30　西装礼服

传统的领结、领巾之外，增加了新式改良过的领带、领花等，使传统的礼服增加了现代时尚感，同时又不失典雅庄重，可以算是一种平民化的礼服，能被大多数人所接受。英乔礼服的正式穿法为外套、衬衣、长裤，搭配背心、领饰。

图 4—31　英乔礼服

（6）韩版礼服（见图 4—32）。顾名思义，韩版礼服是专为亚洲人所设计的一种礼服。亚洲人相比欧洲人，体形较小。韩版礼服在胸、腰、袖、裤上做了一点收饰。韩版礼服比较适合体形瘦小的人穿着。很多人会有一种误区，收身就是韩版，其实收身最早出现在欧版礼服当中。韩版礼服的正式穿法为外套、衬衣、长裤，搭配背心、领带。

图 4—32　韩版礼服

（7）改良式礼服（见图 4—33）。

图 4—33　改良式礼服

相关链接

男士礼服的挑选

不管是参加宴会或是公司年会，一般人大都只会注意到女士是否漂亮、妆化得好不好，很少有人会注意到男士的衣着，但男士礼服是否搭配得宜也是很重要的，下面就来说说如何挑选男士礼服。

1. 身材高大型

此型的男士适合穿任何型式的礼服，尤其以双排扣和燕尾服最为出众。

2. 身材矮小型

最适合简单款式的礼服，单襟或尖领向上的礼服都很适合，尽量避免燕尾服、双排扣的礼服，因为这些礼服的比例会让腿看起来更短。为了避免自曝其短，应该避免穿。

3. 身材清瘦型

若体形属于较为高挑清瘦的男士，建议穿着剪裁有些圆身，能让身形显得略有分量的礼服来遮掩瘦削的身形。

4. 身材肥胖型

体型较胖的男士，不妨利用能广纳各种体型的平口服，但请避开较圆的新月领、西装领，有棱有角的剑领会比较适合丰润的脸形。礼服颜色尽量选择深色系，避免浅色、燕尾服及开双襟的礼服。

5. 成熟型

新月领形状像两片月眉，因为它的圆顺感，是年轻人偏爱的外套领形。带有些霸气的剑领和保守的西装领，是年纪稍大者喜爱选择的款式。

6. 啤酒肚型

此型男士适合款式简单、深色的单襟礼服，这种款式在视觉上可把身形稍微

拉长。切忌穿双排扣、燕尾礼服，因为这种类型的礼服焦点目光很容易会放在肚子的位置。

在试穿男士礼服的时候，要先将全部的扣子都扣上，看看肩膀是否吻合，肩膀如果过宽或者过窄，在视觉上和穿着上都会令人很不舒服。过宽的肩膀会让男人有小孩穿大人衣服的邋遢感觉。过窄了则会使男人显得小气，失去男人的潇洒感。试穿的时候，注意将手臂抬起、放下，弯弯手肘感觉不会出现皱褶紧绷的感觉。从这些方面都可以看出男士礼服的剪裁款式是否适合自己的体形。再好看、再昂贵的衣服，一旦出现褶皱紧绷的现象，整体感觉便会大打折扣。

三、礼服搭配之色彩应用

1. 同类色搭配

最简便、最基本的配色方法是深浅、明暗不同的两种同一类颜色相配（见图 4—34）。例如，咖啡配米色，深红配浅红，青配天蓝，墨绿配浅绿，等等，同类色配合的服装显得柔和文雅。

搭配 1

搭配 2

搭配 3

搭配 4

图 4—34　同类色搭配

2. 强烈色搭配

指两个相隔较远的颜色相配（见图 4—35）。如，黄色与紫色、红色与青绿色、蓝色与白色。这种配色比较强烈，给人视觉冲击强。

搭配 1

搭配 2

图 4—35　强烈色搭配

3. 经典配色

（1）红色。红色的色感温暖，性格刚烈而外向，是一种对人刺激性很强的颜色。

红色配灰色（见图 4—36）——优雅高贵。

搭配 1

搭配 2

图 4—36　红色配灰色

红色配黑色（见图 4—37）——高贵神秘。

红色配白色（见图 4—38）——高贵纯洁。

红色配绿色（见图 4—39）——时尚、大胆、跳跃。

（2）蓝色绿色（见图 4—40）。高贵、冷静、优雅。

图 4—37　红色配黑色

图 4—38　红色配白色

图 4—39　红色配绿色

搭配 1

搭配 2

图 4—40　蓝绿经典配色

4. 色彩混搭

多色彩混搭可以在整体造型上呼应色彩，也可以考虑男女双人颜色呼应，或者人物与背景、道具等颜色的呼应。

四、新娘试妆

1. 试妆的原则

试妆时应该把握的原则：以人为本、物尽其用、妆面为主、协调为重。

（1）以人为本。就是根据化妆对象的自身条件来决定所需使用的物质用品。化妆对象的自身条件是指身材、皮肤、容貌、气质、工作性质等外在和内在因素。物质用品是指化妆品、服饰、发饰、色彩、光线、场合。试妆的首要原则就是测试设计的整体造型是否以人为本，化妆对象造型主题物质用品都要遵循这个原则。

（2）物尽其用。是指发挥所有物品的潜力，为化妆造型设计主题服务。物有专用但可以变通，在有限的条件下创造更多的化妆造型。会用物品是对化妆师起码的要求，巧用物品是对化妆师更高的要求，高级化妆师应该能够巧妙地使用设计中有限的物品。化妆品可以代用也可以借用，但不能滥用，特别是涉及民族风俗时更应该慎重。

（3）妆面为主。是指在试妆中应该以测试妆面为主。原因：其一，一般来说，妆面是人们审视化妆造型的焦点。服装、饰品、发型是“绿叶”，妆面才是“红花”。虽然有时绿叶的比重远远大于红花，构成了“万绿丛中一点红”，但整体化妆造型一定是以妆面为主。其二，通过妆面测试调配或者选择正确的彩妆色彩来适应或改变化妆对象的肤色，同时使其符合和满足整体造型的主题。

（4）协调为重。是指绿叶一定要起到扶持红花的作用。例如饰品，如果可以吸引人们的眼球，正确反映饰品的诉求，那么这个饰品就对整体造型起到扶持和提升的作用。如果这个饰品本身平平淡淡或杂乱无章，没有自己的中心或主题，那它就不能反映应有的诉求和在描述主题中应该起到的作用，这个饰品就不协调，需要进行修正或提升。对于喧宾夺主或可有可无的饰品就应该放弃。协调的目的是让各个组成部分同心协力提升主题。

2. 在试妆与跟妆过程中“沟通”的重要性

化妆师要设身处地为顾客着想。心理学上有个概念叫“同理心”，意思是言行举止从对方的角度出发，从而感受到对方真正的需要，继而做出关怀照顾的举动。这样的“同理心”可应用于化妆师与顾客之间，毕竟，如果能在化妆师与顾客之间建立起亲切感，对化妆师后期的服务有不可估量的推动作用。那么化妆师如何才能设身处地为顾客着想？最重要的一点是化妆师必须树立一个意识：顾客是最重要的人。因为顾客不必依赖化妆师，但化妆师必须依赖顾客，化妆师要为顾客服务。在明确了这个意识之后，化妆师可以从三个方面为顾客考量：

（1）体贴入微的态度。在化妆服务过程中，要时时替顾客着想。化妆师除了要向顾客提供真正有帮助的护理外，在护理过程中的服务态度要真诚、体贴。这时需要化妆师具备同理心，能换位思考。如主动为顾客挂衣服、盖被子，提醒顾客贵重物品要自己收好，等等，这些看似简单的小事，但会让顾客感到你是真正为他着想，从而增加对化妆师的好感和信赖。

（2）随机应变的机警。有的顾客不爱直接向化妆师倾诉，此时化妆师就要表现出更多的关心。要主动询问顾客："您脸色看上去不太好，是身体不舒服，还是有什么烦心的事？"顾客如果不愿意回答，化妆师就不要再追问。另外，在操作过程中适当地问顾客："我看您精神不好，是不是多给您做些安抚动作，舒缓一下神经？"让顾客感受到你始终在关注着他。切忌顾客不想说话，化妆师也跟着一言不发。人在心情不好时，很容易产生自己被人忽略的感觉，如果化妆师也保持沉默，会让这种感觉加剧。因此，即便是顾客心情不好，不愿说话，化妆师还是要给顾客适当的关心。

（3）和顾客站在同一立场。所有的推销是针对顾客的需要而不是化妆师的喜好。化妆师要先了解客人的目的，明确自己的销售目的，令顾客清楚自己的出发点，并"对症下药"。要结合顾客的情况介绍所需，迎合顾客的心态，拉近双方的距离，获得顾客的信任。"客户是上帝"不应放在嘴上，而应该放在心上。真正懂得顾客心理的化妆师是实实在在地为顾客着想的。顾客并不是辩论或斗智的对象，化妆师的职责是满足顾客的需要、欲望及盼望。总之，顾客是化妆师事业的命脉，没有顾客也就没有了事业。

妆前沟通服务很重要。化妆师要主动热情与化妆对象沟通，询问其对妆面的要求及个人喜好，了解其皮肤状况，根据 TPO 原则（时间、地点、场合）为化妆对象做整体形象设计。

3. 试妆的方法

（1）皮肤测试。测试化妆对象皮肤对于化妆品的适应情况以及是否有过敏反应。具体测试方法：将极少的目标化妆品涂抹于人体皮肤的敏感部位（手腕、颈部），时间为 5 ~ 10 分钟。清洁类、护肤类、粉底类都应测试。

（2）色彩测试。主要测试拟定的彩妆用品与化妆对象是否符合。做色彩测试时，不能忽略光线对妆色的影响，还可以对新娘的婚纱礼服的颜色进行推荐。

（3）妆面造型效果测试。妆面的造型主要依靠化妆手法和技能来达到预期效果。设计出理想的妆面，不能靠想象，而应该是化妆师知识、资料、经验的长期积累和完善。根据化妆对象的脸形及眼形设计并修整眉形，观察化妆对象的眼部结构，运用美目贴对眼形进行矫正。设计眼部完美部妆容，根据脸形与妆色，运用腮红修饰脸形，设计唇色。

（4）发型的试妆方法。人的头型和发质是千差万别的，不会完全相同，每种造型都有很多种发型相匹配。到底采用哪种，如果化妆师没有足够的经验，就必须经过实际的发型试妆。发型试妆主要分为自身发型试妆处理和假发试妆处理。

1）自身发型试妆处理。是指对于化妆对象的发质和发型，按照化妆造型的主题要求和设计构思完成化妆造型和试妆。发型试妆主要是调试发型造型，试做时可以采用临时固定方法，不必大量采用贵重的固发用品。

2）假发试妆处理。当自身发质不能达到造型主题的要求时，可以利用假发来制作符合主题要求的发型。假发的试妆要做到与真发完美结合。研究和准备正式化妆造型时的处理办法，使造型效果更加完美，使发型塑造更加饱满。对于经验比较少的初学者来说，还是应该进行完整的发型试妆，以便更有把握地完成整体化妆造型。

（5）服装和饰品的试妆方法。服装和饰品的试妆一般都是采用完整试妆的方法。由于服装在新娘整体造型中比较重要，在进行服装的实际测试中，主要测试尺寸是否合身，整体效果是否符合设计构思。

饰品主要是测试整体搭配效果，特别需要注意的是饰品要能体现性格和民族文化背景，要保证服装和饰品色彩与整体协调。

五、新娘跟妆

1. 准备工作

要提前预约试妆的时间。试妆前进行沟通。根据服装的颜色和款式讨论当天发型及妆面设计理念。确定头花头饰，让新娘提早准备。介绍一下最近几天的护肤和保养，卸妆水等的选择以及一些美容常识。提供一些新郎发型打理的意见等。确定好服务项目后收取定金。婚期前一天再次确认第二天早上的时间以及地点，提醒新娘准备头饰。

2. 跟妆流程

新娘妆要漂亮迷人，但不能过于粉饰，而应给人一种天然美、健康美、端庄美的感觉。妆面要明快妩媚、潇洒脱俗、自然柔美，用色以暖色、偏暖色为主。新娘的妆容是非常重要的，要想在婚礼上整天都保持一个完美的状态，那么一个详细的新娘跟妆流程计划也是必不可少的。

当天新娘跟妆所需要的化妆工具及化妆用品如下。

工具：修眉刀、眉夹、眉剪、美目贴、海绵、粉扑、棉签、睫毛夹、假睫毛、套刷、麦穗夹、卷棒、卡子、打毛梳、皮筋、假发。

化妆用品：化妆水、妆前乳、粉底、定妆粉、眉粉、眉笔、眼线液、眼线胶笔、眼影、腮红、唇膏、身粉、发胶、啫喱。

（1）当日跟妆流程。妆前提醒——跟妆前一天对顾客的提醒事项：提醒新娘皮肤的护理；确认第二天化妆的时间地点以及婚礼的整个流程；提醒新娘在试妆时定好需要本人准备的具体事项，例如灯光、镜子。

（2）当天具体操作流程。按时到达（一般在新郎迎亲前三个小时）；妆前的准备工作；化妆工作台的摆放，镜子与灯光的调配；根据新娘的脸形和眼形对眉形进行修整。当天新娘妆的眉形不适合过于上扬，要以清新自然为主，所以修眉时要注意不可过于夸张。要注意修眉工具的安全使用。为了让妆面更加干净完美，要在修眉后让新娘进行洁面。

（3）面部化妆流程。拍化妆水，空出眼睛部位粘贴美目贴。美目贴要在底妆进行之前粘贴，直接与皮肤接触粘贴更紧实，不易脱落。

化妆水的使用比平时化妆多拍两三次，充分滋润皮肤，使皮肤达到最佳状态。皮肤过敏者或易脱妆者可使用安瓶（具体化妆水的选择参看基础化妆工具和化妆产品的应用）。

使用妆前乳或液体粉底调整面部肤色使其均匀。当天新娘妆粉底特点是突出清新自然、晶莹剔透的妆面效果。新娘妆无论是使用粉底液还是粉底霜，自然清透最重要。妆前乳是完美底妆的好帮手，如果粉底的红润感不够或是肌肤比较蜡黄，你可以选择粉红色的妆前乳，或是直接挑选具有调整肤色效果的妆前乳。瑕疵少的新娘在使用完妆前乳和液体粉底之后，直接压定妆粉就可以。

用粉底（啫喱状粉底或膏状粉底）对面底妆进行更完美的修饰。最好选择专业持久性粉底。

将液体粉底和膏状粉底调和使用，可以减轻粉底的厚重感，让妆容更透明、持久。以海绵蘸取适量的粉底，顺着同一方向慢慢地在脸上推匀，再以垂直轻弹的方式进行拍打按压，这样粉底与肌肤更贴合，粉底能更加持久。

在粉底选色的时候，粉底液带有一些红润感，让肌肤展现仿佛自然透出的红润。这样的肌肤看起来是健康的，适合过于白皙的皮肤。也可以选择跟肌肤颜色一样的色号，适合健康细腻的皮肤。如果面部有斑或肤色略深的，建议选择遮盖力好或比肤色略深一色的粉底，能有效遮盖斑点，使妆面自然。

定妆时使用定妆粉，在局部定妆（眼部和眉毛），以方便画粉质的眼影和眉

毛修饰。

为了避免油脂轻易浮现引起脱妆，优先选用具有控油成分的定妆产品，可以有效避免毛孔出油过盛。定妆产品以轻薄自然为最佳。

眼部的修饰在用色上多是粉色系或大地色系，尽量避免烟熏妆。新娘妆眼线应该自然舒展，避免又粗又浓，以免给人留下艳俗的印象。睫毛尽量选用仿真的假睫毛。整个眼妆要自然，妆面要干净。画眼线的工具和睫毛膏都要选择防水的，避免新娘情绪激动哭花妆面。

当天新娘妆眉形应选择自然舒展的眉形，眉色要与发色相协调。用眉刷蘸取眉粉，眉粉颜色应接近发色。从眉头扫至眉峰再到眉尾。注意眉头要稍宽，颜色要浅淡自然，眉尾要明快细致。如果眉毛比较稀少，先用眉刷蘸取眉粉填充出完整的眉形，尤其要画出比较清晰的眉尾。用眉刷将画过的眉毛以略微倾斜的角度轻刷，让眉色和眉形看上去更自然。最后，检查画好的眉形是否完整，如果有局部缺失的问题，可以用同色的眉笔进行补救。

清理面部垃圾。眉毛与眼睛修饰完成之后多少会有一些眼影和眉粉的残渣，需要用海绵或者套刷里的大号清扫刷进行清理。

用粉底进行面部底妆的修整。清理完面部垃圾后，用粉底进行遮盖，使整个妆容干净。

全脸的定妆。用散粉刷蘸取定妆粉对整个脸部进行定妆。

腮红的修饰。新娘妆的腮红应该浅淡柔和，颜色不可过于艳丽。

唇部的修饰。唇部化妆时，底妆选用长效不脱色唇膏，尽量不要使用唇彩。唇彩易脱妆，只能作为提亮或补妆用。

面部妆面完成，协助新娘换第一套婚纱礼服，运用身粉对其裸露部位进行遮盖，注意颈部与面部的衔接要自然。

第一套婚纱礼服所需发型的修饰：根据新娘的脸形、发质、发量对头发进行基础处理。使用工具包括麦穗夹、卷棒。参照试妆时所拟定的发型进行操作。然后进行头饰与饰品的佩戴。新娘跟妆第一个造型完成。观察整体造型并做微调。

第二套婚纱礼服的整体造型：第二套婚纱礼服在新郎接新娘回到新房后进行换装，用作认亲和迎宾，多以彩纱和礼服为主。换装时间较短，一般在 15 分钟之内要完成服装的换装和发型的变换以及补妆。要求化妆师熟练掌握礼服的穿脱方法和快速变换发型的技巧。

第三套婚纱礼服是主题婚纱礼服，是婚礼当天的主婚纱。在结婚典礼开始前半小时换装，以高贵、端庄、特色为主，要结合婚礼会场的灯光、氛围打造整体造型。整个妆面要进行细致的补妆，结合场地灯光，对眼影色、腮红色、唇色进行调整加深。

第四套礼服用作敬酒与送客。整体造型要求简洁干练，因为要与人近距离接触，妆面要有亲和力。

相关链接

高清喷枪化妆

喷枪化妆（又名高清化妆）是一种利用喷枪配合特制粉底液上妆的一种化妆技巧。粉底液经过压缩喷枪化成细雾喷上肌肤表层，使得妆面更加细腻、光滑、持久，并有提升、收紧、遮瑕的多重功效，令妆容看来更自然服帖。同时，化装对象就像被微风吹过一样，非常舒适、清爽，整个上妆过程是一种全新的享受。喷枪化妆的工具不会接触到皮肤，所以非常卫生，而且喷枪化妆用的特制粉底液是水溶性的，可以做到高度遮瑕，有效地隐藏面上瑕疵。在欧美国家，喷枪已成为很多化妆师必用的工具，尤其是影视界普遍采用喷枪化妆技术，让每位演员的妆容看起来更清新自然。现时新娘化妆也非常流行用喷枪，因为使用方便，最重要的是非常贴合皮肤，让整个皮肤质感非常好，同时也不易脱妆。

用喷枪完成高清粉底化妆过程其实很简单。先将高清遮瑕产品涂抹在脸部较深色及瑕疵的位置进行调整。接下来使用喷枪工具，滴上数滴高清粉底液在喷枪容器中，当喷枪运行时，离开脸部约一个手掌的距离，慢慢地来回左右喷射，动作轻柔准确，使粉底完美地与皮肤结合，这两个步骤只需1~3分钟便能完成。使用多次之后，你会发现皮肤凹凸部位只有用喷枪才能将粉上得均匀。

1.喷枪化妆的特点

（1）上妆者在高清晰度电视上的清晰影像，看上去其肌肤就像陶瓷般光滑。经过高科技微粒化处理的超微细致粉末，创造出如同牛奶般的质地，能完美展现出高亲肤性的特色——轻、透、薄。

（2）可以强有力地遮补色斑和雀斑等部分。

（3）零摩擦，肌肤负担最小。与使用海绵和粉扑的化妆不同，用空气喷射粉底，皮肤之间不产生摩擦，卫生方便也放心。即使表皮均一地涂抹，皮肤的凹凸处

毛孔也不会堵塞。而用海绵和粉扑的化妆，为了填补皮肤的凹凸，粉底的厚度有时会产生色差，塌陷的部分粉底变得厚，增大皮肤的负担。喷枪式化妆是沿着皮肤的凹凸化妆，由于粉底的厚度变得均一，容易得到自然的效果，不仅毛孔难堵塞，皮肤负担也少。

（4）调和只属于自己的肤色。配合两种颜色以上不相同的颜色，可以制作只属于自己的原创肤色。不仅底妆，胭脂和眼妆等局部化妆也可以使用，都可达到纤细效果，再使用模绘板和颜色粉底，可完成眼线、唇彩等，也可遮掩颈部至胸部色斑等在意的部分。

（5）上妆者感受不到粉底存在，同时又能抚平细纹及细小坑洞。即使多层上妆、补妆也不会有厚重妆感，完美表现出肌肤光泽的妆效像陶瓷一样细致无瑕，能防水抗汗且长效持久不易脱妆。

2. 喷枪化妆的过程

将适合当天化妆风格的粉底注入调色斗中，完成底妆。然后再喷上胭脂、眼影、高光等，完成整个彩妆。

（1）选色。在脸上喷少许试色，粉底倒入喷杯，进行调色。

（2）上色。最初从额头开始，一边打圈一边从额部上色。然后是脸颊和 T 区，从脸一侧沿着脸颊，向下方向做“之”字形移动。如果为两侧的脸颊上妆，T 区和鼻翼部分距离稍近，轻轻拉杆。最后是下巴以及脖子周边，沿着下巴的线条左右流动，同时使之上下喷射在脖子周围。以上基本底妆完成。

裸妆的重点则是粉底，底妆一定要通透。在上粉底前，先局部遮瑕（鼻翼、黑眼圈、嘴角等），再配上雾状的粉质，其特别细腻，适合任何时候、任何妆容前后大对比，效果非常显著。即使是普通相机拍出来的，细腻滑润的底妆也会有高清大片的完美效果。

裸妆除了粉底，眼妆只需要用淡雅的色彩加以点缀即可，腮红也适合粉嫩的颜色，去营造健康自然的“好气色”，唇部也可选择一些光泽度高的裸粉色，整个过程一气呵成。